MANIFESTO

AGIR ET PENSER
EN
COMPLEXITÉ

Première Édition

© **Welcome Complexity, 2017**

All rights reserved / tous droits réservés
La reproduction totale ou partielle de ce manifesto est encouragée à condition de faire référence à Welcome Complexity. Pour obtenir des exemplaires supplémentaires, contacter Welcome Complexity à :
contact @ welcome-complexity.org

L'auteur et l'éditeur ont porté la plus grande attention à la réalisation de ce livre ; cependant ils ne peuvent être tenus responsables quant à l'utilisation qui peut être faite de son contenu. Aucune garantie ne peut être étendue par un distributeur de ce livre. Les conseils et stratégies décrites peuvent ne pas être adaptés à votre situation particulière : consultez un professionnel. Ni l'éditeur ni l'auteur ne peuvent être tenus responsables pour aucune perte, diminution de profit ou tout dommage découlant de l'utilisation de ce livre. Les références internet ont été vérifiées à la publication de ce livre et l'éditeur ne peut être tenu pour responsable de leur continuité et validité.

Le logo Welcome Complexity et le design de la couverture ont été créés bénévolement par Ideoscripto (ideoscripto.com) :	La publication de ce livre est sponsorisée par Fourth Revolution Publishing
ideoscripto LA STRATÉGIE FAIT SON CHEMIN	

Première Édition Publique — Octobre 2017
ISBN 978-981-11-4914-6 (papier)
ISBN 978-981-11-4915-3 (édition électronique)
Impression : Print On Demand via LightningSource

Table des matières

AVANT-PROPOS INTRODUCTIF   1

QU'EST-CE QUE « WELCOME COMPLEXITY » ?   9

PARTIE 1 : ŒUVRER ET RELIER   13

    L'enjeu : la Complexité comme Praxis   14

    Les Membres de « Welcome Complexity » : des citoyens qui assument leurs responsabilités et qui réfléchissent à leur pratique   16

    Le Projet: régénérer les rétro-actions entre le comment et le pourquoi par l'argumentation et la délibération critique   18

    La culture : éclaireurs et concepteurs   20

    Notre motivation : co-régénérer des arts hier éprouvés et sans cesse renouvelés   22

    Notre espérance : former un lieu reconnu comme un lieu vivant, un lieu d'échanges qui oxygènent, ressourcent et ouvrent des perspectives   25

    Nos objectifs : développer les arts des reliances et développer l'art et la science du « faire et vivre ensemble »   27

PARTIE 2 : GOUVERNER ET SE GOUVERNER — 29

Introduction — 30

La mutation actuelle de notre environnement constitue un défi de complexité où les chemins sont à inventer — 32

Des alternatives profondes se dessinent en réponse à ces mutations — 37

« Welcome Complexity » : un lieu institutionnel pour catalyser le développement de nos facultés d'adaptation aux évolutions du contexte — 42

PARTIE 3 : CONCEVOIR ET SE CONCEVOIR — 47

Introduction — 48

Une conception utile : la transition de paradigme — 51

Développer les nouvelles manières d'agir et de penser en complexité — 61

Construire des chemins nouveaux dans un contexte en permanente évolution — 71

Développer une praxis du sujet adaptée aux chemins nouveaux — 82

Conjoindre à nouveau ce qui était disjoint — 91

Relier l'homme et la planète — 102

Construire les nouvelles connaissances scientifiques — 103

Eclairer la cité — 113

Conclusion : vers l'institutionnalisation de l'action — 119

CONCLUSION : VERS L'ACTION — 121
Que fait « Welcome Complexity » ? — 121
A quel moment solliciter « Welcome Complexity » ? — 124
Rompre son isolement et entrer en relation avec « Welcome Complexity » — 127

ANNEXE 1 : QU'EST-CE QUE LA COMPLEXITÉ ? — 131
Présentation succincte du concept de complexité — 131
Bibliographie succincte — 133
Les courants de recherche en complexité — 135
Types d'organisations concernées par la Complexité — 137
Bouillonnements émergents — 138

ANNEXE 2 : LA COMPLEXITÉ - EXEMPLES CONCRETS — 141
Une mosaïque d'éléments de méthode qui sont les branches d'un arbre commun méconnu — 141
Illustration par le cas Uber — 152
Témoignages sur des cas concrets passés — 161

ANNEXE 3 : AMORCES DE PISTES POUR LES PRATICIENS RÉFLÉCHIS — 165

ANNEXE 4: « WELCOME COMPLEXITY » : DU « POUR QUOI ? » ET « POURQUOI ? » AU « QUOI ? » ET « COMMENT ? »   169

La singularité du projet de « Welcome Complexity »   171
Tableau des Lignes d'Activités de « Welcome Complexity »   176
Membres fondateurs de « Welcome Complexity »   179
Cercles de soutien dans la recherche   182

REMERCIEMENTS   185

INDEX   187

Avant-Propos Introductif

Nous, membres fondateurs de « Welcome Complexity », nous adressons à tous ceux qui souhaitent régénérer[1] leurs cadres de vie de façon à ce qu'il y soit satisfaisant de vivre et d'œuvrer ensemble, qui vivent au quotidien des problèmes qu'ils perçoivent comme complexes et qui éprouvent une frustration à ne pas être en mesure d'y apporter des réponses satisfaisantes. Nous nous adressons à tous ceux qui ne se résignent pas pour autant, qui sont conscients que c'est en tâtonnant, en persévérant courageusement et parfois en se heurtant qu'émergeront les voies de demain, tout en sachant qu'il sera nécessaire de traverser des moments où un sentiment d'impuissance et d'isolement prédomine.

Nous sommes de « mauvais bons élèves ». Tout en montrant « patte blanche », nous voulons

---

[1] Certains lecteurs ont pu être surpris de l'emploi du verbe 'régénérer'. L'intention est de souligner qu'il ne s'agit pas de quelque chose de nouveau qu'il s'agirait d'inventer ; l'élan du projet des membres fondateurs n'est pas vers un ailleurs ou un toujours plus. L'idée est que ce qui ne se régénère pas dégénère : il s'agit de ré-constituer ce qui inéluctablement dégénère en l'absence d'attention et de soin.

persévérer sans cesser de questionner le non questionné (dogmes, institutions, coutumes, lois, autorités…). Nous pouvons tracer des sentiers qui ouvrent les horizons et incitent à explorer le champ des possibles.

Nous sommes enthousiastes à l'idée de la rencontre et du devenir ensemble possible. L'objectif de ce manifesto est d'inciter et de provoquer ces rencontres en inscrivant ces interactions à venir dans une aspiration partagée et dans une vocation commune, un projet civique en bouillonnement. Welcome Complexity veut être le lieu familier de cette médiation, une agora, un réseau, un carrefour, un atelier, une vigie, un institut.

Nous avons la conviction que nous sommes nombreux mais partout dispersés. Notre densité croit sans avoir encore atteint le seuil critique de cristallisation. Nous n'avons pas encore de lieu pour nous rencontrer, nous reconnaître, nous oxygéner, nous confronter, nous affûter. Nous avons besoin de prendre conscience de ce qui nous unit et nous singularise. C'est dans cette aspiration partagée que se forme ici l'association « Welcome Complexity ».

Ce manifesto vise à vous permettre de découvrir les synergies entre ce qui vous anime et ce qui nous anime, en exprimant notre perception du contexte dans lequel nous vivons et des enjeux que nous devons élucider. Une précaution dès cet instant pour le lecteur soucieux de concrétude: nous nous sommes limités ici à l'intention et à la vocation de « Welcome Complexity ». L'explicitation du 'quoi' et du 'comment' ne fait l'objet que de quelques esquisses en conclusion et en annexe.

Au service de cette visée, nous avons fait face à une difficulté d'écriture. Ce manifeste s'adresse en puissance à tous et plus particulièrement à ceux et celles qui se sentiront concernés ou interpellés par ces textes. Face à la multiplicité et à la singularité des expériences, comment s'adresser à chacun là où il se situe ? Dans la mesure où l'action appelée par le manifesto nécessite continûment de concevoir, de décider et d'œuvrer, nous avons fait le choix d'articuler le manifesto en trois parties. Elles correspondent à *trois étapes d'un processus mis en œuvre par chaque citoyen :*

- La première partie s'adresse à chacun en tant qu'acteur des maintenances et des transformations de son monde **porté à œuvrer**.
- La seconde partie s'adresse à chacun en tant qu'acteur des coordinations, responsable d'organisation **porté à gouverner**. Nous sommes tous concernés car nous sommes au moins responsables de nous-mêmes[2].
- La troisième partie s'adresse à chacun en tant qu'il réfléchit sur sa pratique et est

---

[2] Précisons qu'un dirigeant n'est pas nécessairement responsable et que tous les responsables n'ont pas nécessairement le vécu d'un dirigeant. L'archétype du responsable dans nos sociétés reste néanmoins un dirigeant d'organisation (publique, privée, associative,...).

porté à concevoir. Nous sommes tous concernés car nous pensons tous[3].

Certes, nous avons tous nos préférences qui nous portent à préférer œuvrer, gouverner ou concevoir. Mais en qualité d'êtres humains et de citoyens, nous sommes tous :
- Appelés à agir, à décider ou à concevoir.
- Engagés à la fois dans l'action, la responsabilité et la réflexion.
- Concernés et appelés à conjoindre les trois parties du manifesto.

C'est ainsi que les dernières sections de la troisième partie, qui touchent à la pensée citoyenne et anthropologique, concernent pleinement les personnes qui se reconnaitraient a priori uniquement dans la première ou la seconde partie.

Nous avons fait face à une seconde difficulté d'écriture à propos des choix sémantiques. Le lecteur, quel que soit son tempérament ou son âge, aura une familiarité plus ou moins grande avec le corpus et la sémantique utilisée. Certains qui expérimentent dans le cadre d'engagements civiques actifs sont beaucoup plus familiarisés avec ces concepts que certains chercheurs matures reconnus dans leurs

---

[3] Précisons qu'un chercheur n'est pas nécessairement quelqu'un qui réfléchit sur sa pratique et que toutes les personnes qui réfléchissent sur leur pratique ne sont pas nécessairement des chercheurs. Si l'archétype du penseur qui réfléchit dans nos sociétés reste associé aux intellectuels, professeurs et/ou aux chercheurs, notre dignité humaine consiste à ne pas séparer l'agir et le penser malgré la segmentation socio-culturelle de nos sociétés entre chercheurs, dirigeants et exécutants.

disciplines[4]. Nous avons constaté lors des premières relectures que plus le lecteur est familier de la complexité, plus le langage du présent manifesto lui est facile d'accès. Inversement, le lecteur moins familier tend à percevoir le langage utilisé comme conceptuel et difficile d'accès. Cette perception est biaisée par sa propre difficulté à relier les mots utilisés avec son vécu. Ces mots ne sont pas plus conceptuels que ceux utilisés dans les domaines qui lui sont plus familiers. Ce biais peut conduire le lecteur à manquer la portée du propos. De ce point de vue, soulignons que ce que lecteur éprouve est une forme de mesure de sa distance avec ce que nous souhaitons transmettre. Si d'aventure vous n'étiez pas familier des concepts employés, ce serait le signe que vous êtes concerné au premier chef par la vocation de « Welcome Complexity ».

---

[4] De nombreux chercheurs raisonnent en chambre en termes d'optimisation et de recherche de 'solution simple' là où des jeunes engagés sont familiers de la délibération critique visant à formuler collectivement le problème qui se pose sous une forme intelligible.

Synthèse pour le citoyen

En tant qu'il œuvre à la transformation

L'enjeu est l'apprentissage d'une praxis quotidienne de l'agir et de la pensée en complexité, laquelle favorise une régénération de la pensée critique. L'apprentissage de cet art de vivre et d'exprimer sa pensée est un compagnonnage que propose « Welcome Complexity » à chaque citoyen qui le désire.

En tant qu'il se sent responsable

La complexité perçue comme croissante de l'environnement constitue un défi majeur pour ceux qui se sentent responsables : le questionnement auquel ils font face s'intensifie alors même que les modes traditionnels d'agir et de penser se révèlent de plus en plus incapables d'appréhender cet environnement de façon intelligible.

Pour accompagner cette évolution, les responsables ont besoin conjointement de s'adapter et d'adapter leur organisation. L'enjeu est de les inviter à réfléchir à une vision et à des pratiques inspirées des façons de penser et d'agir en complexité : relier, contextualiser, agir en réfléchissant son expérience. « Welcome Complexity » a pour vocation de soutenir leur effort en ce sens afin de restaurer leur capacité d'action, d'anticiper les mouvements possibles, de catalyser l'adaptation réfléchie des hommes et des organisations.

En tant qu'il réfléchit à sa pratique

Dans une perspective ouverte, « Welcome Complexity » est un projet des citoyens qui s'efforcent d'élargir leur 'vision du monde' en repérant pas à pas d'éventuelles opportunités de régénérescence de la société et qui ne considèrent pas la complexité comme un problème à isoler en segmentant les phénomènes.

Il s'agit par ce projet de :

- Régénérer, enrichir nos manières d'agir et de penser adaptées aux enjeux de transformation de nos sociétés
- Développer les capacités d'attention critique aux contextes de nos interventions
- Construire des chemins adaptés aux problèmes contemporains
- Développer des praxis adaptées à ces chemins
- Conjoindre ce qui était disjoint : art, philosophie et sciences
- Régénérer les connaissances scientifiques
- Eclairer le vivre-ensemble et le faire-ensemble de la cité

Il s'agit en somme d'aviver le plaisir, voire l'enthousiasme, de vivre et de faire ensemble en avivant la conscience en chacun de la tension inhérente aux contradictions qui nous tissent.

Qu'est-ce que « Welcome Complexity » ?

« Welcome Complexity » est à date une association loi 1901 créée en 2017, qui a l'ambition de catalyser la diffusion de « l'agir et penser en complexité » au sein de la société.

L'association a pour objet la réalisation de toute action tendant à :
- Développer l'apprentissage du vivre et de l'œuvrer ensemble en s'attachant à être conscient de la complexité, dans un contexte global et ouvert.
- Développer et catalyser la diffusion et la transmission des conditions qui permettent un apprentissage, une exploration collective, une co-construction de visions et de chemins.

- Fournir des conditions opératoires enracinées dans et en régénération permanente avec la recherche scientifique pluridisciplinaire qui tend à devenir transdisciplinaire en s'inscrivant dans le paradigme de la complexité et, ce faisant, à régénérer les liens entre connaissances scientifiques et connaissances philosophiques.

Le nom a été choisi afin de contribuer à transformer l'émotion ressentie par celui qui perçoit la complexité du monde : il s'agit de passer d'une émotion de peur, voire d'angoisse, à celle d'un enthousiasme pour l'ouverture, la création et les possibles que recèle un monde reconnu comme complexe. Ce monde perçu comme complexe devient en puissance une source bienvenue d'enrichissement où nous passons d'une mise à plat qui simplifie et réduit à une mise en relief qui rend intelligible et enrichit, sans prétendre tout mettre en valeur. Le choix de l'anglais s'est imposé car l'intention et la vocation de l'association ne s'arrêtent pas aux frontières francophones.

Le logo a été choisi afin de symboliser la réunion, le collectif, l'accueil, la multiplicité, la robustesse de l'action collective associative, l'envie de rejoindre un mouvement, la dynamique, un collectif qui quoique différencié forme un tout.

Le projet est un arbre aux feuilles pragmatiques dont la cime vise haut. Il s'enracine profondément, à la mesure de cette hauteur, dans un substrat existentiel, anthropologique, éthique et épistémique. « Welcome Complexity » assume une obédience épistémologique de type systémique, constructiviste, pragmatique et complexe. Afin de l'aider à tenir son cap, l'association s'ancre dans un collectif vigilant et bienveillant, une sorte de 'cercle des sages'[5]. Edgar Morin, président de l'Association pour la Pensée Complexe, est son premier participant. Il a *« d'emblée souligné la pertinence potentielle et les enjeux culturels et civiques d'une telle initiative : l'institutionnalisation progressive d'une plateforme de ce type devient désormais plausible. »*

Les membres[6] fondateurs de « Welcome Complexity » sont tous des praticiens réflexifs concrètement engagés dans la vie civile. Ils forment une trame dont les fils entrecroisés sont autant de regards portés sur les enjeux du faire et du vivre ensemble : économie, psychologie, socio-anthropologie, grands projets complexes, ingénierie, transformation des organisations, animation et coaching, ergonomie, psychologie du corps (voir détails dans le tableau en annexe 4).

---

[5] Ce cercle est encore en constitution patiente lors de cette première édition.

[6] Voir annexe 4. A date, les membres de « Welcome Complexity » représentent insuffisamment les femmes et les non parisiens. Nous en sommes conscients et nous sommes vigilants et désireux que notre composition soit en cohérence avec ce que nous voulons contribuer à construire. La composition actuelle est pour une part contingente, en lien à notre genèse historique et pragmatique.

Le projet de « Welcome Complexity » est soutenu depuis son origine par un tissu toujours croissant de personnes qui ont fait profession de travailler à bien penser dans une logique pluri-, inter- et trans-disciplinaires. Ces chercheurs couvrent le spectre de la pensée en complexité (voir détails dans le tableau en annexe 4) et articulent notamment ensemble l'épistémologie, la philosophie, la socio-anthropologie, les sciences de conception, les sciences cognitives, la modélisation des systèmes, les sciences des systèmes, l'intelligence artificielle, la psychologie, la psychanalyse…

Le projet de « Welcome Complexity » s'appuie sur un réseau de mécènes et de sponsors[7].

---

[7] A la date de mise sous presse, nous n'avons pas encore terminé de confirmer auprès d'eux leur accord pour être cités ici.

Partie 1 :
Œuvrer et Relier

L'enjeu : la Complexité[8] comme Praxis[9]

L'enjeu que nous percevons est d'apprendre à vivre et à œuvrer dans la complexité, dans un contexte global et ouvert.

La complexité croissante de l'environnement constitue un défi majeur pour les citoyens dirigeants et les citoyens dirigés : le questionnement auquel chacun fait face s'intensifie alors même que les modes traditionnels de pensée et d'action se révèlent de plus en plus impuissants. *Nous avons conscience que nos existences doivent se situer désormais dans un paradigme de transformation permanente.*

Le défi de la complexité est d'abord dans nos têtes. C'est un défi épistémologique : ce n'est pas la réalité « en soi » qui est complexe, mais notre relation à la réalité.

La complexité n'est pas seulement un défi. Elle est aussi une profonde opportunité pour qui

---

[8] Une présentation succincte du concept de complexité est proposée en annexe 1.

[9] Il s'agit de praxis, et non de pratiques, car elles engagent celui qui les exerce. Il est coutumier dans le moule du langage d'user du triptyque savoir/savoir-faire/savoir-être. Si les praxis contiennent un savoir, qui s'enseigne, et un savoir faire, qui se pratique, elles engagent aussi un savoir 'être avec l'autre', condition nécessaire à la mise en pratique, qui engage une dimension morale et éthique. Ce triptyque s'avère impropre à deux titres : il sépare trois termes qui constituent un tout indissociable ; il place les trois composants sur un registre commun et réducteur de savoir. Le terme de praxis vient souligner cette nécessaire conjonction et intégration : l'action et la connaissance sont indissociables de l'être qui agit et connait.

entreprend de l'accueillir et de s'y confronter. Cette évolution de l'environnement appelle à un art du mouvement et de l'évolution permanente en fonction du contexte :

- Nous avons besoin de développer et d'incorporer des façons régénérées de penser et d'agir en complexité, à tous les niveaux d'échelle (local, régional, national, supra national et global),
- Nous avons besoin de développer l'interculturalité, ce qui comprend une intergénérationnalité, une inter-disciplinarité, et une inter-nationalité. L'« inter » est une clé de l'agir en complexité : la relation entre les éléments y prédomine sur les éléments.

Les anciennes générations, témoins expérimentés de l'évolution de l'environnement et du bouillonnement de la jeunesse, ont la responsabilité de transmettre aux jeunes générations leur expérience des cadres et des processus qui leur permettront de co-construire en conscience un monde qui les inspire.

Ces cadres et ces processus ont besoin de garants, de vigies et de guides au sein de la recherche scientifique pluridisciplinaire sur la complexité, ainsi que d'un enracinement épistémologique et éthique des pratiques proposées.

Les Membres de « Welcome Complexity » : des citoyens qui assument leurs responsabilités et qui réfléchissent à leur pratique

Face à ces enjeux, entre ceux qui s'ingénient à nier les obstacles qui s'accumulent devant les façons actuelles de penser et d'agir et ceux qui se tournent vers les façons du passé, nous percevons une densification de la population sensible à l'opportunité de la pensée et de l'agir en complexité.

Cette population est constituée de personnes vigilantes à élaborer localement des éléments de réponse adaptés à cet environnement complexe. Elles sont conscientes qu'aucune action locale ne saurait être conçue selon un critère unique et en particulier pas par la seule performance ou la richesse matérielle, tout en étant cependant bien conscientes que la performance et la richesse sont des moyens parfois nécessaires de nos fins. Elles sont lucides sur le fait qu'aucun pouvoir en place n'économisera à chacun une transformation intime de ses manières d'agir et de penser.

Cette population ne semble pas encore assez dense et assez équipée pour engendrer un tournant majeur. Elle exprime une attente, voire un besoin de soutien pour avancer sur les problèmes complexes et pour sortir de son isolement. Nous percevons comme un premier enjeu critique d'œuvrer au service de cette densification.

Dans la perspective de cette attente, ce manifeste s'adresse plus particulièrement :
- A ceux qui se sentent responsables et à leurs conseillers, quels que soient leurs lieux d'appartenance et le niveau d'échelle de leur action,
- A ceux qui se vivent comme agents de la transformation, à tous ceux qui sont désireux de contribuer de leur mieux à un 'vivre et faire ensemble', quelle que soit l'organisation au sein de laquelle ils œuvrent (liste non exhaustive en annexe 4) et qui désirent s'approprier et incorporer rapidement des façons de penser et d'agir en complexité, adaptées à la co-construction du monde qu'ils projettent,
- A ceux qui réfléchissent, quelle que soit leur discipline d'origine, dans le souci de rendre l'univers authentiquement intelligible, sans jamais se subordonner à des façons convenues de penser, et qui, par la force des choses sont devenus progressivement pluri-, inter- et trans-disciplinaires.

Le Projet: régénérer les rétro-actions entre le comment et le pourquoi par l'argumentation et la délibération critique

Nombreux sont ceux qui, dans leur contexte spécifique, donnent du sens, construisent une vision, puis arpentent des chemins locaux dans un monde global complexe.

« Welcome Complexity » n'est ni une solution de plus à un problème présupposé, ni l'affirmation d'un problème auquel il faut une solution. *Il ne s'agit pas d'ajouter un nouvel élément au bouillonnement individuel et associatif, partout présent, qui se développe organiquement dans les interstices de plus en plus larges laissés par les façons classiques de penser et d'agir*. « Welcome Complexity » propose d'établir une scène nouvelle. La voie que nous proposons est de se positionner dans les interstices de ce bouillonnement qui préfigure un paradigme émergent, c'est-à-dire une régénération des manières anciennes de penser et d'agir.

Le projet de « Welcome Complexity » est de *développer et de catalyser la diffusion et la transmission des conditions qui permettent un apprentissage selon toutes les modalités utiles, une exploration collective des mondes possibles, une co-construction rapide du monde souhaité et du chemin pour le faire advenir*.

Le projet n'est pas d'intellectualiser le monde mais de fournir des conditions opératoires enracinées dans – et en régénération permanente avec – la pensée, la réflexion et la recherche scientifique.

La culture : éclaireurs et concepteurs

Notre culture est celle d'éclaireurs et de compagnons des pratiques en complexité, tout en étant capables de conceptualisation et d'enracinement dans une perspective renouvelée de la recherche. Notre culture est caractérisée par une recherche d'excellence dans la capacité à s'adapter à des environnements variés :

- Un questionnement permanent des incohérences perçues entre le cadre qui nous est proposé et notre perception de la réalité. Nous proposons d'harmoniser,
- Une remise en cause des situations établies lorsque cela nous paraît nécessaire. Nous proposons de transformer,
- Une expérience vécue dans de nombreuses organisations où nous avons manifesté une aptitude à la recherche, à la création, à la conception, à l'entreprenariat et la mise en pratique de nouvelles formes de pratiques plus adaptées au contexte. Nous proposons d'explorer et de cheminer,
- Un positionnement type au sein des institutions de conseiller de confiance avisé, de « fou du roi », voire de « Jiminy cricket » ou de « mouche du coche ». Nous proposons d'interpeller et d'éveiller,
- Une aptitude à conjuguer en pratique les sciences naturelles dites « dures » et les

sciences humaines dites « molles ». Nous proposons de réfuter ces séparations et de travailler à une autre vision, à conjoindre,

- Une aptitude à une démarche pragmatique par « essais-erreurs » qui explore des possibles, construit et affine des réponses jusqu'à ce qu'elles soient perçues comme satisfaisantes. Nous tâtonnons.

Notre motivation : co-régénérer des arts hier éprouvés et sans cesse renouvelés

Comme éclaireurs et concepteurs, nous avons constaté qu'il y a des moyens beaucoup plus satisfaisants de faire au quotidien que ce que nous observons chaque jour dans les organisations. La pensée et l'agir en complexité sont des activités émancipatrices qui développent le bien vivre et le bien œuvrer ensemble.

Notre motivation est de permettre et de catalyser la création de terrains fertiles pour les agents de la transformation actuels et les générations à venir.

Notre motivation est d'être un espace dédié à développer l'autonomie des personnes - devenues acteurs en complexité - *dans le contexte de leurs organisations*.

Notre motivation est d'être un espace qui développe et enracine dans la recherche un corpus commun et partagé de l' « Agir en complexité ». La profusion de ces méthodes nuit à leur lisibilité et à leur diffusion alors qu'elles ne sont que des facettes - parfois singulières - d'un même corpus : agile, scrum, devops, design thinking, ingénierie des systèmes, science de conception, intelligence collective, digital, maïeutique, communication non violente (CNV), codéveloppement, médiation, appreciative inquiry, coaching d'organisation, coaching d'équipe, facilitation, innovation labs, social labs, systémique de Palo Alto, thérapie familiale, PNL, spirale dynamique, community management, sociocratie, holacratie, organizational learning, organizational development,... La liste est longue et perpétue une fragmentation qui nuit à la saisie de l'unité. L'annexe 2 détaille ces méthodes et leur tronc commun.

Pour cela, nous voulons développer et entretenir une relation aux responsables et aux agents de la transformation autour :

- De l'art et de la pratique[10] de la navigation dans un monde complexe,
- De l'art et de la pratique de conception et de construction,
- Des cadres de fonctionnement dans lesquels les membres se développent et qui permettent de faire face au monde de demain,

---

[10] Certains lecteurs pourraient être surpris du choix du mot *art* là où ils seront tentés de ne voir que pratiques. Argumentons de façon anticipée cette relation. Les arts et les pratiques ont en commun d'être sensibles aux réalités concrètes et aux expériences vécues, de solliciter des ressources et des compétences. Ils nécessitent de l'adresse en vue de conduire une action et de construire une œuvre complexe, œuvre tout à la fois contingente, problématique, ambigüe, incertaine, et malgré tout viable et efficiente dans le contexte où elle est appréciée. La compréhension d'une situation par un être humain qui forme une unité ne peut être qu'hybride : rationnelle, sensible, éthique, esthétique... Art et pratique peuvent être distingués mais non dissociés. L'idée « d'art » met en valeur la singularité d'une composition et manifeste une grande variété d'expressions personnelles ou collectives. L'idée de « pratique » met en valeur la volonté d'agir (le projet) et les processus qui organisent l'action en contexte.

- De l'enrichissement permanent de ces pratiques par le retour d'expérience des apprenants ainsi que par la confrontation et l'enracinement dans une recherche renouvelée.

Et plus généralement, de tout ce qui peut leur permettre de faire face plus habilement aux défis de la complexité[11].

---

[11] La pensée en complexité souligne notamment la conjonction entre l'indéterminé et la contingence d'un côté mais également le fait qu'il ne saurait non plus survenir n'importe quoi. Les sciences de la complexité, notamment les travaux sur les processus stochastiques ou les états auto-organisés critiques, sont autant d'heuristiques qui nous aident à appréhender ces situations.

Notre espérance : former un lieu reconnu comme un lieu vivant, un lieu d'échanges qui oxygènent, ressourcent et ouvrent des perspectives

Notre plus belle histoire à venir serait de devenir un lieu reconnu comme un lieu vivant, un lieu d'échanges qui oxygènent, ressourcent et ouvrent des perspectives, un lieu d'où nul ne revient sans une nouvelle idée, un nouveau contact, une nouvelle pratique à mettre en œuvre chez lui, un lieu enraciné dans la recherche et les études pluri-inter- et trans-disciplinaires.

Nous aurons progressé vers notre but lorsque :

- Ce lieu sera le point de ralliement et de rencontre pour tous ceux qui souhaitent développer et incorporer des façons de penser et d'agir régénérées, qui permettent à chacun d'avancer en confiance et en conscience, à partir d'outils robustes, éprouvés par la pratique, et enracinés dans la recherche,
- Vivre, penser et agir en complexité sera transmis comme un art, vécu comme un compagnonnage, conçu comme une science, à la manière des pratiques traditionnelles des arts et de la philosophie,
- Le système actuellement qualifié de système éducatif et de système d'enseignement se sera transformé jusqu'à proposer lui-même un apprentissage tout au long de la vie de cet art

et de cette science en commençant dès l'enfance.

Nos objectifs : développer les arts des reliances[12] et développer l'art et la science du « faire et vivre ensemble »

Permettre à l'écosystème de l'association de :
- Sortir de l'ornière de la pensée unique qui ne parvient pas à se renouveler,
- Découvrir, expérimenter et s'approprier des manières régénérées d'agir et de penser en complexité,
- Faire l'apprentissage tout au long de sa vie de l'agir et penser en complexité, depuis le premier âge jusqu'à la mort,
- Pratiquer les « katas » et les « gammes » de cet art de naviguer en complexité ;
- Adopter un langage approprié,
- Investiguer les problèmes complexes qui se posent à eux et les concevoir de façon à ouvrir des chemins satisfaisants.

Pour cela, « Welcome Complexity » veut :
- Constituer un carrefour de rencontres fécondes, tisser la relation entre les hommes, connecter et faire dialoguer les cultures : entre les disciplines, entre les niveaux d'échelle (du local au supra national), entre les générations, etc.,

---

[12] La reliance est la relation interpersonnelle. Le concept souligne le besoin psycho-social d'information, l'état relié et connecté de la personne, l'insertion de la personne dans un système de connexions, système qui est chargé de sens et de finalités.

- Stimuler la mise en résonance de sensibilités et de cultures différentes, complémentaires et antagonistes, catalyser l'émergence et le développement d'initiatives et de projets, tisser les actions entre elles,
- Relier entre eux les agents de la transformation qui partagent la même préoccupation de renouvellement au sein d'une communauté des compagnons de la complexité,
- Constituer un centre de développement de la science de l'agir et concevoir en complexité et plus particulièrement de l'orchestration intelligente des intelligences de chacun, à tous les niveaux d'échelle.

**Partie 2 :
Gouverner
et Se Gouverner**

Introduction

Cette seconde partie du manifesto s'adresse :

- A ceux qui se sentent responsables de l'élaboration d'une action adaptée aux problèmes complexes qu'ils éprouvent, et plus particulièrement à ceux dont les pratiques ont rencontré de fortes résistances. voire des échecs répétés. quels qu'aient été les moyens employés, sur des problèmes auxquels ils voulaient faire face : transformation 'numérique', organisation de la production, dialogue inter-personnel et transformation 'culturelle', efficience et résilience, insertion dans les écosystèmes…,
- Aux responsables qui sont prêts à *se* transformer eux-mêmes, en conjonction avec les transformations qu'ils conduisent quelle que soit l'organisation qu'ils dirigent[13].

Le projet consiste aussi à examiner et à investiguer 'chemin faisant' et en compagnonnage ces aspirations et ces contraintes, toutes fortement dépendantes du contexte, afin d'élucider les enjeux et d'éclairer les chemins. Il s'agit notamment :

- Partout où la forme tend à oblitérer les alternatives possibles, remettre en relief ce qui est partout présenté à plat et qu'il

---

[13] Liste non exhaustive des types d'organisation en annexe 2

est convenu d'appeler la pensée 'unique', afin de régénérer le champ des possibles,
- Restaurer la mobilité et l'ouverture par la découverte et l'expérimentation des manières d'agir et de penser qui portent l'accent sur *l'exploration du contexte et l'explicitation du problème* (par des processus d'investigation et de conception) plutôt que sur *le comment de la résolution d'un problème mal posé*,
- Veiller à l'emploi d'un langage non réifié, toujours approprié à son intention dans son contexte,
- Mener des projets perçus comme stratégiques et concrets sans céder à la tentation de se précipiter trop tôt dans la solution. Au contraire, affirmer la nécessité continue d'élucider consciemment les enjeux et d'expliciter le problème perçu,
- Prendre conscience que ce que nous nommons la « réalité » n'est pas la réalité, mais seulement notre point de vue sur le réel, point de vue subjectif conditionné par nos expériences antérieures, par le contexte, par les idéologies dominantes, et par nos intentions,
- Rencontrer, échanger, partager avec tous ceux qui partagent la même préoccupation de renouvellement.

La mutation actuelle de notre environnement constitue un défi de complexité où les chemins sont à inventer

1 Une mutation d'une complexité croissante et sans précédent

La « révolution numérique » est une mutation profonde des modes de production et des modèles d'organisations au sens large. Elle touche évidemment l'entreprise. Mais cette mutation ne saurait être comprise sans reconnaître qu'elle touche conjointement tous les niveaux d'échelle de nos sociétés. En même temps qu'elle transforme les organisations, elle transforme l'environnement politico-socio-économique[14].

Si les responsables actuels sont en général conscients des impacts aux différents niveaux d'échelle, ils le sont moins de certains aspects plus profonds connus et manifestés par la recherche. La « révolution numérique » traite de « information et organisation » et non de « matière et énergie » comme les précédentes révolutions industrielles. La connaissance et la pratique qui en relèvent nécessitent un renouvellement profond de notre mode de pensée et d'agir.

La première couche « matière et énergie » n'en demeure pas moins nécessaire à l'existence de la seconde. Elle exerce une contrainte perçue

---

[14] Transformation caractérisée entre autres par : une aspiration à une participation active du citoyen, des exigences écologiques croissantes, de nouvelles formes de gouvernance participative,...

comme de plus en plus forte vis-à-vis de l'exploitation traditionnelle que nous en faisons. Nous prenons conscience que les ressources sont en fin de compte limitées et que nous allons devoir modifier notre rapport à ces dernières.

La reconnaissance de la singularité de la seconde couche et de sa distinction d'avec la première renouvelle opportunément en retour notre regard sur la « matière et énergie ». Elle ouvre des façons régénérées d'agir et de concevoir notre relation à ces ressources. Ces façons procèdent d'un questionnement nouveau et profond :

- La question de la construction de systèmes artificiels qui ne sont plus seulement des outils individuels à notre main mais un environnement dans lequel nous vivons collectivement et avec lequel nous sommes en relation constante,
- La question de l'articulation et de l'hybridation entre « matière et énergie » et « information et organisation »[15],
- La question de l'insertion de l'activité humaine dans un monde aux ressources contraintes.

---

[15] Si cette formulation peut sembler abstraite, il n'est qu'à songer à l'utilisation de l'information pour procéder à une distribution dynamique et intelligente de l'énergie au sein d'un large collectif, distribution susceptible de diminuer drastiquement la consommation bien concrète de ressources physiques.

2 Une complexité à laquelle chacun est personnellement confronté

Au sein des organisations, l'environnement des responsables est perçu comme étant de plus en plus complexe. Les sollicitations sont multiples et parfois contradictoires. Leur rythme s'accélère. Tout semble incertain et confus.

Comment y répondre ? Ceux qui s'investissent et se sentent responsables éprouvent un désarroi, un sentiment d'impuissance et parfois d'isolement, tandis que d'autres développent des logiques de fuite, de protection ou de blocage.

L'environnement que ces responsables constituent alors pour ceux qui leur sont subordonnés devient aliénant, épuisant, voire dégradant. Ces réactions individuelles nuisent profondément à la capacité d'adaptation des organisations, au moment où elles en ont le plus besoin. Ces situations présentent encore plus d'enjeux pour les responsables qui sont en charge des points clés de l'organisation.

3 Les anciens modes de pensée et d'action sont très vite dépassés

Le sentiment largement partagé d'un discours uniforme et à courte vue de la part des responsables résulte de projets manquant de vision car centrés sur le court terme et/ou marqués par une pensée perçue comme 'unique'. Les responsables et leurs conseillers utilisent encore très largement les recettes du passé : ils ne parviennent pas à penser « en dehors de la boîte » ; les différences entre les propositions sont anecdotiques ; les décisions prises sont très vite mises en échec sur le terrain, dont les contraintes réclament souvent un tout autre type de réponse.

4 Le questionnement s'intensifie autour des grands défis induits

Dans ce contexte de transformation profonde, où les approches d'hier ne sont plus appropriées pour appréhender le monde de demain, le questionnement des responsables s'intensifie.

Afin de l'illustrer et sans souci d'exhaustivité, nous pouvons extraire de ce questionnement cinq sous-systèmes de questions – interdépendants mais largement autonomes - constituant chacun un défi majeur qui se pose à chaque responsable d'organisation :

- *La transformation dite numérique* : quels chemins construire face aux problèmes actuels ? Quels nouveaux modèles d'affaires et économiques ?
- *L'organisation de la production*: Quels nouveaux modes de production concevoir ? Quelles architectures de la valeur et du métier pour quelles plateformes ? Quel type de collaboration autour des plateformes ?
- *Le dialogue inter-personnel* entre des approches logiques différentes au sein des organisations: quelles conditions favorisent les actes de co-concevoir, de co-

élaborer, de co-développer avec des hommes aux logiques et aux perspectives différentes ? Quelles co-constructions avec l'écosystème des clients, des fournisseurs, des partenaires ?

- *L'adaptabilité des organisations* aux évolutions rapides du contexte : quelles conditions favorisent une vision globale associée à un pragmatisme local ? Quelles conditions favorisent l'alliance de la performance, de l'engagement et de la motivation ? Quelles conditions pour favoriser l'expression pertinente de la singularité de chacun au sein des organisations ? Quelles conditions pour favoriser la transition culturelle vers ces des modes de pensée et d'action régénérés ?
- *L'insertion dans son environnement* : quelles sont les conditions qui favorisent la prise en compte par l'organisation de son impact écologique ?

Des alternatives profondes se dessinent en réponse à ces mutations

1 Au sein d'un bouillonnement fécond : des opportunités prometteuses

Face au défi de la mutation, les personnes soucieuses de leur responsabilité civique n'ont pas attendu : un bouillonnement d'intensité croissante anime la société pour trouver des réponses jugées satisfaisantes. Aujourd'hui, toutes les dimensions de la transition font l'objet de courants de pensée et de pratiques. Certains d'entre eux se développent dans l'ombre depuis des décennies : régénération des pratiques, des démarches, des gouvernances, des approches politico-socio-économiques ; approches nouvelles dans la recherche[16].

2 Un besoin de discernement, de fiabilisation et de 'congruence'

Ces divers courants émergent de façon locale. De par leur nature émergente et isolée, ils sont sujets à des distorsions cognitives : généralisation abusive, dogmatisme, aveuglements de type âge d'or ou apocalypse.

---

[16] De nombreux courants pertinents se développement : sciences de la complexité, sciences cognitives, sciences informatiques, neurosciences, sciences du langage, sciences morphogénétiques, robotique, sciences de conception, sciences de l'action, psychologie, psycho-sociologie, socio-anthropologie, philosophie des sciences, épistémologie, pragmatisme, systémique, constructivisme,...

Ces courants se sont longtemps ignorés mutuellement. L'intensité croissante du bouillonnement favorise leurs rencontres ponctuelles. Ces différents courants, tributaires d'individualités, se confrontent alors parfois : ils se comparent, s'opposent, se protègent. Paradoxalement, ces comportements révèlent une attitude de « défiance » plutôt que de « reliance ». Ils sont toutefois encore largement isolés : les praticiens sont isolés des chercheurs ; les décideurs sont isolés des opérationnels ; les chercheurs sont segmentés par discipline…

Les courants émergents ne se sont pas confrontés, c'est-à-dire qu'ils n'ont pas encore tissé des liens pour dégager ce qui, au-delà des différences, constitue une praxis commune, un effort par lequel les acteurs transforment leur expérience en 'science avec conscience'[17].

3 La recherche sur la complexité éclaire ce bouillonnement

La recherche sur la complexité éclaire l'intelligibilité de ce bouillonnement. Le paradigme de la complexité se construit et s'appuie sur des concepts qu'un travail épistémologique a rendu robustes. Illustrons la pertinence de cet enracinement épistémologique par trois exemples de glissements sémantiques appropriés aux nouvelles manières de penser et d'agir:

---

[17] Science avec conscience est aussi 'sapience', c'est-à-dire l'exercice permanent d'une critique épistémo-éthique.

- Le passage *de dirigeant à gouvernant* souligne qu'aucun responsable n'est plus en mesure de « tracer une droite ». Son activité relève plutôt du barreur confronté aux éléments qui adapte en permanence sa navigation pour acheminer son navire à bon port,
- Le passage *de optimisé à satisfaisant* souligne que l'hypothèse implicite de l'optimisation, selon laquelle l'objet est connu, fermé, indépendant, optimisé selon un critère unique, est trop réductrice pour être encore pertinente dans un contexte toujours évoluant. Il souligne surtout la nécessaire prise en compte des coûts collatéraux qui ne sont pas pris en compte dans la perspective de l'optimisation d'un objectif unique, dans un contexte où les objectifs eux-mêmes sont continument adaptés. Aujourd'hui, toute décision est prise dans un environnement incertain et toujours selon de multiples critères. Nous pouvons nous exercer à élaborer, en tirant parti de toutes les ressources et opportunités diagnostiquées dans les investigations des contextes et l'évaluation relative des enjeux, un chemin satisfaisant à date, sans nous dissimuler que toute décision est un pari. L'optimisation peut au mieux constituer une source d'heuristique exploratoire,
- Le passage *de théoricien à concepteur* souligne que la recherche n'est pas d'abord ni nécessairement hors-sol et productrice de

concepts « vrais » en eux-mêmes. Les concepts sont maintenant produits en fonction d'un projet et d'un contexte qui définissent leurs conditions de validité.

La recherche dans le champ des systèmes socio-organisationnels complexes est un courant important, quoique lui-même émergent au sein de la recherche scientifique dans son ensemble. Ces courants particuliers construisent des appareils conceptuels de modélisation des systèmes complexes (*Systems modelling*, *Systems simulating*) permettant l'exploration projective du champ des possibles. Au sein de ces courants, plusieurs champs peuvent être distingués (voir annexe 1).

Ainsi, là où une pratique peut paraître isolée et relever de la recette de cuisine, la recherche permet le cas échéant d'en enraciner les discours et de les insérer dans une perspective épistémique critique. Inversement, la recherche ouvre les perspectives sur les pratiques possibles.

4 La pensée en complexité permet de discerner des praxis nouvelles

Les manières de penser et d'agir en complexité éclairent et identifient au sein du bouillonnement de la société l'émergence de praxis régénérée. Certaines d'entre elles se révèlent plus adéquates à certains enjeux actuellement exprimés. Citons de façon non exhaustive, et sans questionner à date ces formulations :

- Dans l'éducation, pour développer le savoir-vivre et apprendre ensemble,
- Dans les entreprises, pour développer la co-conception des produits,
- Dans la gestion des éco-systèmes, pour assurer leur régulation adaptative,
- En politique, pour la co-construction des initiatives politiques des citoyens.

5 Les praxis nouvelles donnent un contenu concret au paradigme de la complexité

Le paradigme de la complexité et les sciences afférentes sont souvent perçus comme peu concrets par et pour les organisations. De ce fait, les responsables ne font pas l'effort nécessaire pour s'en approprier les concepts.

Largement éprouvées sur le terrain, les praxis nouvelles fournissent pourtant des cheminements appropriés et concrets pour élucider les problèmes complexes auxquels font face ces responsables. A tous les niveaux d'échelle, ces praxis permettent de rendre intelligibles des situations multi-dimensionnelles perçues comme complexes, de concevoir des stratégies d'action nouvelles adaptées, et de motiver le collectif autour d'elles.

« Welcome Complexity » : un lieu institutionnel pour catalyser le développement de nos facultés d'adaptation aux évolutions du contexte[18]

1 Des enjeux majeurs pour tous les responsables

Dans la perspective de la mutation en cours et du défi qu'elle représente pour tous les responsables, catalyser la diffusion et l'appropriation des praxis présente plusieurs enjeux bien identifiés :

- Soulager ceux qui se sentent responsables et restaurer leur capacité d'action,
- Développer la capacité des responsables à constituer et à maintenir un terrain et un environnement fertiles pour le collectif des personnes qui leur sont subordonnées. Il est attendu de cet environnement qu'il soit propice à l'épanouissement de chacun et à l'émergence de chemins adaptés aux problèmes que ce collectif perçoit,
- Développer l'apprentissage de l'agir et penser en complexité ainsi que la conscience chez chacun de son rôle d'acteur à part entière du collectif dont il participe,
- Anticiper sur les crises inévitables.

La plupart des responsables ont conscience des enjeux, à titre personnel. Mais nous ne

---

[18] Contexte que nous transformons et qui nous transforme en retour.

disposons pas à date de lieu institutionnel affranchi des anciennes pratiques pour soutenir, anticiper, éclairer et élucider les problèmes posés en relation à ceux qui les vivent en situation, ainsi que pour développer et diffuser les praxis émergentes.

2 Des travaux nécessaires pour répondre à ces enjeux

Ce manifesto a pour but d'exposer les enjeux et le contexte qui éclairent la mosaïque des éléments construits au sein du bouillonnement. Il souligne l'importance de l'enracinement robuste de ces éléments concrets dans la pensée en complexité. Ces éléments forment et formeront la matière quotidienne de « Welcome Complexity ».

L'accélération de la diffusion et de l'appropriation de ces praxis nécessite au moins trois types de travaux à partir de ces éléments concrets :

- La construction d'un processus d'apprentissage d'un corpus fiable de concepts, de pratiques, de méthodes, de démarche, de modèles, dont l'enracinement est explicite,
- La pratique in situ de ces nouvelles manières de penser et d'agir, pour l'appropriation par les responsables des savoirs et des savoir-faire,
- Le développement personnel des responsables qui mettent en œuvre ces pratiques, pour le savoir 'être avec l'autre'.

Pour s'approprier le présent propos, le lecteur pourra se reporter à l'annexe 2, qui comprend :
- Une mosaïque d'éléments de méthode qui sont les branches d'un arbre commun méconnu,
- Une illustration par le cas Uber,
- Des témoignages sur des cas concrets passés.

3 Le besoin d'un lieu institutionnel nouveau

Dans ce contexte, pour mener ces travaux, un lieu est nécessaire pour tisser les fils émergents. Un lieu qui soit tout à la fois :

- ✓ **Un carrefour** où se rencontrent tous les acteurs, qui catalyse le tissage des liens, consolide les praxis et affine les questions nécessitant recherche. « Welcome Complexity », c'est d'abord un lieu de rencontres génératrices d'impulsions fécondes où les personnes de différents horizons partagent le même désir de régénération, témoignent de leur expérience et s'apportent mutuellement leurs éclairages,
- ✓ **Une association** qui catalyserait le développement d'un réseau de praticiens fiables au service des transformations,
- ✓ **Un phare** qui éclaire le bouillonnement émergent de la société du regard bienveillant, critique et exigeant d'un tiers de confiance,

- ✓ **Un atelier** qui serait en prise directe avec l'élucidation concrète des problèmes complexes, un espace de prise de recul sans tabou aidant les responsables à conceptualiser leur vécu avec l'aide des théoriciens. Un tel lieu permettrait également de catalyser la re-conception des modèles métiers, des modèles d'affaires, des modèles opérationnels, des modèles de gouvernance et des chemins de la transformation. Il permettrait de concevoir de nouveaux écosystèmes pertinents (plateformes partagées, organisations, règles, modes de distribution de la valeur…) en réponse aux grands défis sociétaux,
- ✓ **Un institut** qui diffuserait et enseignerait les savoirs, développerait l'apprentissage pratique des savoir-faire. Il permettrait de soutenir la croissance personnelle des responsables, le renouvellement profond de leurs façons de concevoir. Il diffuserait les éléments robustes et crédibles sur lesquels les responsables pourraient s'appuyer,
- ✓ **Une fondation** qui tisserait les liens entre tous les fils, expliciterait et développerait les praxis, contribuerait à la recherche par la construction d'un corpus ainsi que par la formulation d'une sémantique articulée et partagée,
- ✓ **Une vigie** qui se saisirait par anticipation des problèmes complexes qui se posent dès

maintenant, afin de préparer les crises à venir. Le cas échéant la vigie poserait et éclairerait les questions éthiques et citoyennes que soulèvent ces problèmes.

Partie 3 : Concevoir et se Concevoir

Introduction

Les citoyens qui « travaillent à bien penser » sont partout présents au sein de nos sociétés.

Ces citoyens se trouvent parmi les praticiens réflexifs : leurs réflexions sur leurs expériences fournissent des enracinements critiques et ouvrent les perspectives de l'action. Le projet de « Welcome Complexity » est aussi de catalyser le tissage du réseau de ces citoyens dont la pensée enracine l'action de façon robuste.

Afin d'amorcer le tissage de ce réseau, le présent manifesto propose une lecture du contexte dans lequel nous vivons ainsi que des objectifs de haut niveau à partager. Ces objectifs peuvent être présentés en phases entrelacées, depuis l'intériorité du citoyen en vigilance épistémique et éthique, jusqu'à la vie de la cité :

- Régénérer nos manières d'agir et de penser adaptées aux enjeux de transformation de nos sociétés,
- Développer les capacités d'attention critique aux contextes d'intervention pouvant être considérés,
- Construire des chemins adaptés aux problèmes contemporains,
- Développer des praxis adaptées à ces chemins,

- Conjoindre ce qui était disjoint : art, philosophie et sciences[19],
- Régénérer les connaissances scientifiques entendues au sens de science avec conscience, ou 'sapience',
- Ainsi, éclairer le vivre-ensemble et le faire-ensemble de la cité.

Au fur et à mesure de l'identification de ces objectifs, le texte explicite une compréhension du contexte qui nous environne, ainsi que l'intention qui lui est associée. Ce texte esquisse un sentier qui ne prétend pas être une vérité, mais qui se veut être un argumentaire plausible sur la manière de relier ce qui est aujourd'hui séparé.

Ce tissage renouvelé d'expériences, de connaissances, de compétences, se propose comme le terreau fertile où nous pourrons cultiver et régénérer les voies que nous arpentons.

A la suite de ce manifesto, le lecteur trouvera en annexe quatre compléments :
- Une courte introduction à la complexité,
- Les courants de recherche en complexité qui sont encore insuffisamment reliés ensemble, et d'autres cas concrets de situations complexes,
- Une amorce de diagnostic général et de problèmes à traiter prioritairement pour

---

[19] Ce qui est un focus sur une partie importante de la régénération déjà évoqué

engager des possibilités de travail concret au-delà de l'intention,
- La singularité du projet de « Welcome Complexity, afin de comprendre la nécessité de ce projet par rapport à un existant à première vue pléthorique.

Une conception utile : la transition de paradigme

1 Présentation du concept de paradigme

Il nous semble qu'il est fécond d'appliquer la notion de transition de 'paradigme épistémologique'[20] pour mieux comprendre la transformation profonde de nos sociétés.

---

[20] Un paradigme, ce sont des principes d'association et d'exclusion fondamentaux qui commandent toute pensée et toute théorie. Ce sont les racines de notre façon de nous représenter le monde. Un paradigme est toujours dans la zone d'ombre voire la zone aveugle de notre pensée. C'est ce que nous prenons pour évident sans le questionner. Ces principes forment un système de croyances fécond qui permet à un collectif de vivre ensemble dans son environnement de génération en génération, sans qu'il ne soit nécessaire de le remettre en cause.

Un paradigme épistémologique porte sur les racines de la connaissance : qu'est ce que nous appelons connaissance ? Comment nous construisons des connaissances ? Qu'est ce qui fait leur validité ?

Un paradigme scientifique s'insère dans un paradigme épistémologique et porte sur les grandes théories et modèles : paradigme newtonien, paradigme électro-magnétique, paradigme relativiste, paradigme quantique,...

Un paradigme technologique s'insère dans un paradigme scientifique. Notons ici combien la transition dite « numérique », souvent perçue comme profonde, n'est elle-même qu'un symptôme en surface de transition plus profonde. Elle correspond à la transition scientifique induite par la mécanique quantique, qui a permis le développement de la technologie du traitement de l'information. La transition « numérique » est paradigmatique car elle rationalise radicalement les modes de production antérieurs par le déploiement de l'automatisation du traitement intellectuel répétitif. Cette transition cache elle-même une transition de paradigme plus profonde, de nature épistémologique, qui n'était pas engagée lors des précédentes révolutions industrielles : le passage du paradigme positiviste au paradigme de la complexité, d'un focus sur des objets faits de matière et d'énergie à des systèmes faits d'information et d'organisation.

2 Le paradigme de pensée historique et dominant comporte des points aveugles

Le paradigme de pensée positiviste encore dominant dans les institutions, a été historiquement formulé par Descartes, héritier de la tradition platonicienne plus que de la tradition héraclitéenne, puis formalisé par Auguste Comte. Ce paradigme, que nous qualifierons de 'classique', s'enracine dans la dissociation entre le sujet (*ego cogitans*), renvoyé à la métaphysique, et l'objet (*rex extensa*) relevant de la science.

Ce paradigme classique a émergé à la période dite des lumières. Très fécond, ce paradigme a, dans son développement ultérieur, supplanté l'approche scholastique, qui était alors dominante. Il est notamment à la racine d'une identification par leur objet des nombreuses disciplines scientifiques qui forment les sciences 'classiques'. Néanmoins, comme celui de la période scholastique, il comporte des points aveugles.

La disjonction entre le sujet, personne engagée dans le processus de connaissance, et l'objet, la chose à connaître, est un aspect essentiel de cette pensée classique. Plus généralement, cette pensée disjoint des réalités inséparables et réduit les dimensions du réel : elle rend inconcevable, au sens propre, le lien entre des réalités qui ont été séparées ; la réduction, qui consiste à n'examiner qu'une dimension de la réalité, détruit la complexité inhérente à cette réalité.

Ce qui pourrait sembler abstrait et éloigné de notre quotidien ne l'est pas. Au contraire, cette disjonction-réduction est si présente et polymorphe que nous ne la voyons plus : elle imprègne tout notre quotidien. Voici quatre exemples bien concrets :

- La séparation des champs disciplinaires dans l'enseignement supérieur et la recherche, qui induit une zone aveugle au niveau des interstices entre disciplines,
- La séparation admise des sciences de la nature (dites dures) et des sciences de l'homme (dite molles ou douces),
- La séparation entre l'homme et les organisations, qui rend admissible le déploiement de transformations dans les organisations séparément du projet de transformation des hommes qui les composent,
- La séparation du *fait*, construit méthodologique, et des *valeurs*, ce qui « vaut », par la science classique qui élimine de son sein toute compétence éthique et fonde son postulat d'objectivité sur une approche de la connaissance scientifique qui nie la dépendance de cette connaissance d'avec le sujet qui la construit. La responsabilité, qui est de

l'ordre de la *valeur* et non du *fait*, est dans ce paradigme non-sens et non-science[21].

Le projet de « Welcome Complexity » entend relier ce qui a été disjoint et à restaurer sans réduction la complexité des objets-systèmes que nous examinons.

3 Un jugement critique sur les racines des sciences semble nécessaire

Si nous appliquons les lunettes scientifiques classiques sur la société, alors nous tendons à ne voir que des déterminismes de cause à effet. Ce type de connaissance exclut toute idée d'autonomie chez les individus et chez les groupes, idée qui nécessite un certain degré d'indétermination : il exclut l'individualité, la finalité, le sujet.

Le paradigme classique embarque ainsi un paradoxe : il exclut du champ de la connaissance celui-là même qui la permet, à savoir le sujet autonome.

Il est maintenant généralement admis que les théories scientifiques ne sont pas le pur et simple reflet des réalités objectives : elles sont co-produites par les structures de l'esprit humain et

---

[21] La science économique orthodoxe réduit des phénomènes d'un collectif humain perçu comme complexe à des modèles réduits à quelques variables. Elle détruit au passage toute intelligibilité du phénomène, tout en prétendant, en tant que science, à une objectivité sur les phénomènes d'origine humaine qu'elle prétend décrire en oblitérant le sujet.

les conditions socio-culturelles de la connaissance. La science ne s'accroît pas simplement par une accumulation linéaire de savoirs, elle se transforme en régénérant la manière même dont elle concevait jusque-là.

L'approche classique a prouvé sa fécondité dans la compréhension étendue qu'elle a permis de la matière et de l'énergie. Durant cette période de fécondité, rien n'appelait à critiquer les racines de l'orthodoxie scientifique.

Aujourd'hui, les pratiques issues de l'approche traditionnelle sont de plus en plus confrontées à des résistances associées aux points aveugles de cette approche. Il est ainsi mal aisé pour les organisations de *prescrire* aux hommes d'être *autonomes* et créatifs… L'époque où il convenait de protéger l'activité scientifique du jugement critique semble devoir être close : ce qui est pertinent pour la science naissante, marginale et menacée, ne l'est plus lorsque cette science est devenue dominante et potentiellement menaçante.

Le paradigme classique a fini par instaurer de nouveaux dogmes. L'un de ces dogmes, c'est l'idée que la connaissance scientifique est un reflet du réel et que ce réel est l'objet de lois naturelles universelles. Pour qui croit à ce dogme, les lois sont reçues comme la vérité du réel et non une construction enracinée dans un contexte anthropologique et social spécifique. Ce dogme s'enracine pour certains dans le besoin d'une vérité absolue, comme le paradigme scholastique avant lui. L'idée de vérité absolue tend à rendre insensible aux erreurs de son système d'idées celui qui croit détenir une telle vérité. Celui qui prétend connaître cette vérité absolue effectue des assertions dogmatiques et quitte la culture de délibération critique.

La connaissance scientifique usuelle oblitère les notions d'être, d'existence, d'intégrité, de singularité, d'autonomie, d'intention, d'éthique, d'aléas. Ces notions font partie des points aveugles du paradigme classique. L'approche scientifique classique comporte le danger permanent, et souvent avéré, de la simplification, de l'aplatissement, de la rigidité, de la fermeture, et de l'absence de prise en compte des rétroactions. Si nous admettons cette lecture des fondements des sciences classiques, alors nous constatons que l'oblitération de l'humain dans nos sociétés trouve entre autres son origine dans l'épistémologie sous-tendant les sciences classiques.

Fort de cette conviction, le projet de « Welcome Complexity » est vigilant à exercer un jugement critique sur les racines de ces sciences. Ce jugement vise à mettre en lumière les multiples ombres portées par les points aveugles du paradigme classique dominant.

4 Les sciences classiques, à leurs racines, ne semblent pas en mesure d'appréhender et d'élucider le problème du « bien vivre ensemble »

Si nous proposons de servir une finalité de société du « bien vivre et faire ensemble », nous devons instruire des questions de fond sur l'homme, son inscription dans le monde et dans la société, telles que : qu'est-ce que l'homme ? Quel est son inscription dans le monde animal, végétal, minéral ? Quelle est sa place dans les organisations et la société ?

Nous pensons que la conception dominante de la science manifeste une impuissance croissante à appréhender les problèmes qui se posent à la société aujourd'hui. Pour l'essentiel, cette science ne contient pas les concepts aptes à appréhender les problèmes fondamentaux posés.

Dès lors, la science classique ne saurait être en mesure de répondre aux enjeux contemporains du « bien vivre ensemble ». Entendons-nous bien. Nous pensons que la façon de penser scientifique traditionnelle est utile et nécessaire pour appréhender certains types de problèmes. L'extraordinaire efficacité de la société industrielle s'appuie sur ce mode de pensée technique et scientifique qui mobilise connaissance et action sur les choses.

En revanche, le paradigme sous-jacent à la science classique n'a pas les concepts pour penser autrement les grands problèmes de société qui engagent l'homme. La réalité qui est cachée par les points aveugles du paradigme positiviste est *inconcevable*, au sens premier du terme. La mise en œuvre de ces mêmes modes de pensée dans le champ des relations humaines, où elle s'avère beaucoup moins efficace, a conduit à entretenir une méconnaissance des réalités humaines.

Si les grandes questions de société qui concernent l'homme sont inconcevables pour la manière dominante de penser, alors la pensée dominante sur ces questions dans les sphères politiques, économiques et sociales doit être mise en cause car elle se révèle systématiquement pauvre et insuffisante[22].

Le projet de « Welcome Complexity » est aussi de relever ce défi : ne pas renoncer à penser le système dans son ensemble, et s'il le faut, à cette fin, contribuer à construire un paradigme qui rende l'ensemble concevable.

5 Nous observons un bouillonnement, qui cherche des approches nouvelles pour des problèmes actuels

Les modes dominants de penser et d'agir sont perçus comme de plus en plus déficients et inadéquats pour faire face aux problèmes actuels. Nous observons un bouillonnement émergent et croissant de personnes et d'associations qui

---

[22] « L'essence de la tyrannie est le refus de la complexité » selon l'historien suisse Jakob Burckhardt.

conçoivent et expérimentent des approches nouvelles pour y faire face. Il suffit d'y prêter attention pour constater la profusion plus ou moins organisée des collectifs (voir tableau en annexe 1).

La plupart ne se connaissent pas entre eux et n'ont pas pris conscience que l'œuvre de chacun est une facette d'un paradigme émergent, qui se construit progressivement, et dont la vocation est d'intégrer et de dépasser le paradigme dominant.

Notre projet consiste à relier les hommes et les femmes qui œuvrent à ces émergences, et de faciliter la construction de ce paradigme émergent.

6 La transformation profonde de nos sociétés peut être appréhendée comme une transition de paradigme

Plusieurs phénomènes caractéristiques enracinent notre conviction que nous vivons une transition de paradigme :

- L'existence conjointe d'un paradigme classique dominant mais en déclin et d'un bouillonnement émergent et tâtonnant, qui échafaude peu à peu de nouvelles manières de penser et de faire,
- La perception plus ou moins confuse et partagée que nous serions dans une civilisation post-moderne, post-capitaliste, post-industrielle, et post-scientiste. Autrement dit, la quasi-certitude d'être

aux prises avec une ère révolue, sans être en mesure de formuler un avenir désirable autrement que par l'expression d'une aspiration vague à un nouveau mode - ou à d'autres modes - de vivre ensemble,
- Le sentiment éprouvé par les citoyens d'une tension entre ce qui décline et ce qui n'est pas encore.

Notre projet, c'est d'éclairer et de catalyser cette transition.

Développer les nouvelles manières d'agir et de penser en complexité

1 Le projet de régénérer la manière de conduire sa pensée

Les manières classiques de penser ayant des points aveugles qui empêchent d'appréhender les phénomènes anthropo-socio-éco-techniques dans toute leur complexité, nous avons besoin d'une méthode régénérée pour bien conduire notre pensée. Les contraintes à respecter par cette méthode sont :

- D'être capable de distinguer, sans disjoindre et sans dissocier,
- De respecter les caractéristiques des phénomènes mal appréhendés par la manière classique de penser, sans les mutiler : multi-dimensionnels, multi-échelle, non-linéaires, récursifs, dialogiques, enchevêtrés, avec une part d'aléas, d'autonomie, d'émergence,
- D'intégrer dans notre conception l'interaction entre un phénomène et le sujet humain qui cherche à le concevoir.

Notre projet consiste à travailler à un renouvellement de la manière de conduire sa pensée. Il ne s'agit pas d'un complément ou d'une opposition au paradigme classique. Il s'agit d'intégrer et de dépasser le paradigme classique au moyen d'un paradigme de la complexité qui :

- Inséparablement distingue les phénomènes et les associe, les confronte et cherche leur fécondité mutuelle,
- Donne des outils conceptuels pour construire une connaissance intelligible et transmissible de la réalité, sans être contraint de la réduire à des unités élémentaires et à des lois générales,
- Rend intelligible et articule la conscience de soi avec les interactions que le sujet humain expérimente en relation aux autres, au monde et à lui-même.

2 La transition vers la complexité est un défi conceptuel à relever

La complexité est une caractéristique que nous attribuons à l'ensemble de nos perceptions et de nos interprétations. Il s'agit d'une compréhension du monde dans lequel nous sommes conscients de vivre. Il s'agit de la conscience que nous ne savons pas tout de ce monde et que nos connaissances sont elles-mêmes des hypothèses plausibles dans le contexte actuel et susceptibles d'évolutions ultérieures.

Le paradigme de pensée 'classique' s'est développé à partir de disjonctions conceptuelles profondes qui sont à la racine de notre manière de penser et d'agir. Ces disjonctions ont creusé et instauré des sillons de la pensée :

- Dans le champ philosophique : objet-sujet, fait-droit, substance-essence, acquis-inné,

nécessité-liberté, identité-changement, privation-négation, contenu-modalité, singulier-universel,
- Dans le champ scientifique : nature-culture, pratique-théorie, multiple-un, micro-macro, interne-externe, structure-fonction, ordre-désordre, homogénéité-hétérogénéité, dépendance-autonomie, producteur-produit, *ex ante - ex post*, cause-effet.

Régénérer nos manières de penser, développer un paradigme de la complexité, c'est faire face à un défi conceptuel et reconsidérer la logique formelle qui aujourd'hui nous guide. L'enjeu est d'intégrer et de dépasser ses frontières conceptuelles afin d'embrasser ses disjonctions sans en séparer les termes.

Notre projet est aussi une invitation collective à ce travail qui nous semble largement entamé et loin d'être satisfaisant.

3 Une contrainte et une nécessité du projet : questionner le langage

Les « réalités » au sein desquelles nous vivons et dont nous faisons partie seront toujours plus complexes que les langages avec lesquels nous les appréhendons. Si le langage est le moyen d'élaborer une connaissance de ces réalités, le langage est aussi un média qui couvre ce dont il prétend parler. La propension à confondre le mot et la réalité qu'il désigne est toujours présente.

Notre projet est aussi un questionnement permanent de la relation des mots aux choses, afin de lutter contre cette propension.

4 Une contrainte et une nécessité du projet : pratiquer cette manière de penser sur des situations-problèmes spécifiques à dimensions multiples

Pour bien conduire sa pensée, un travail nécessaire est de formuler une épistémologie plus fine, qui tienne compte de la façon dont les connaissances se produisent, afin de construire des méthodes régénérées de penser. Prendre du recul sur les racines de la pensée occidentale est une voie sans doute féconde pour stimuler ce travail épistémologique.

Les anciennes manières de penser et d'agir font peser sur ce travail conceptuel un danger permanent : dissocier la pensée et l'action. Le travail épistémologique n'est pas hors-sol. Pour être en prise, il est contraint de constamment relier la pensée et l'action. L'épistémologie se construit et s'affine en lien aux activités de production concrètes d'une connaissance, ce qui suppose d'entrer dans le contenu des connaissances elles-mêmes. Ce travail assure que la recherche s'effectue en conscience de ses propres prémisses : le choix d'une méthode et d'un objet est déjà un choix de société.

Dans notre perspective, le paradigme émergent de la complexité n'est en aucun cas une théorie du tout. Il est un guide pour conduire sa pensée dans des situations bien concrètes. Mené en prise avec les contraintes du réel, le travail épistémologique évite la menace d'être une abstraction spéculative et déconnectée. Il évite également de se retrouver démuni, de subir et de simplement réagir à des changements de société profonds non anticipés.

Notre projet est de mettre en œuvre cette façon de penser pour des problèmes qui se posent ici et maintenant et qu'il convient d'investiguer. Cette mise en œuvre implique la pratique sans relâche d'un va et vient entre la pratique concrète quotidienne d'une part, et de l'autre les racines de nos manières de penser et d'agir. Il nous faut confronter cette façon de penser à une réalité perçue, produire une connaissance concrète, et en retour, affiner l'épistémologie. Epistémologie et pratiques concrètes sont des pôles indissociables.

5 Un cheminement se voulant conscient est probablement nécessaire à la transition vers la complexité

L'être formé à une manière de penser enracinée dans le positivisme était assuré de formuler des lois universelles. Cet enracinement était existentiellement très rassurant pour un être en quête de vérités absolues.

Assumer la complexité est a contrario très angoissant car elle réintroduit l'incertitude de façon radicale. Pour un être qui perçoit le monde comme complexe, toute « vérité » construite est biodégradable. Toute « vérité » est tributaire du terreau qui l'a vu naître, de ses conditions de formation et d'existence. Toute théorie est réfutable. Dans cette perspective, la vérité ne se définit pas pour cet être par rapport à une erreur mais par rapport à la vie et à son caractère adapté au sujet qui la prononce.

Travailler à une nouvelle manière de penser et d'agir repose les questions racines de la condition humaine, sources à la fois d'angoisses et d'émerveillement existentielles. L'angoisse de l'incertitude radicale est elle pourtant supérieure à celle de la froide certitude de la mort ? Ne nous permet-elle pas de réintroduire la possibilité de concevoir la vie, la liberté et la responsabilité éthique de chacun.

L'aventure de la connaissance conduit à la limite du concevable et du dicible. Notre conviction est que pour ouvrir à nouveau le champ de l'humain, l'homme est amené à assumer un pragmatisme réfléchi, quelle que soit sa forme. Le paradigme de la complexité restaure l'autonomie, la liberté, la responsabilité[23], la possibilité d'une

---

[23] Les avancées en neurosciences cognitives soulignent de façon croissante l'absence de libre-arbitre du fait du caractère massif des décisions prises dans une dynamique réactive de type stimulus-réponse. Absence de libre arbitre ne signifie pas absence d'autonomie du sujet qui pense : les neurosciences constatent elles-mêmes que le système nerveux et le cerveau humain sont des systèmes complexes qui présentent des régimes chaotiques imprédictibles. Le système des pensées du sujet a la capacité de se méta-systémer (e.g. adopter un

joie authentique, qui sont indissociable de l'angoisse à assumer.

Si nous assumons que la transition de paradigme que chacun de nous éprouve comporte une dimension existentielle, cette dimension est alors l'obstacle le plus sérieux à cette transition. Notre projet est attentif aux moyens de soulager cette angoisse, à la fois par la relation bienveillante à l'autre et par l'explicitation des ouvertures offertes à celui qui a le courage de l'assumer.

6 L'ouverture et la perspective du paradigme émergent

Le paradigme de la complexité est une ouverture vers un renouvellement des champs de connaissance. Il nous permet de construire une intelligibilité des phénomènes, dans un espace beaucoup plus étendu qu'on ne le pensait. Là où le paradigme classique est tranchant, le paradigme de la complexité déploie un *sfumato*[24] qui glisse de l'idée évidente et claire à la nuit la plus complète, en passant par toutes les gammes du flou et de l'obscur.

---

nouveau point de vue qui permet d'articuler des angles de vue jusque là disjoints) par une réflexion sur ses propres pensées. Au contraire, cela souligne l'enjeu et l'importance pour le sujet humain de penser et de se penser en complexité dans son interaction avec le monde afin de surmonter ce qui le mécanise, l'instrumentalise et l'objective.

[24] *Sfumato* : il s'agit de l'effet vaporeux recherché par Léonard de Vinci en peinture, qui donne une forme caressante et des contours imprécis.

La manière de penser émergente est capable de formaliser une connaissance transmissible, qui n'est pas absolue, mais relative à un contexte et à un projet.

Le paradigme de la complexité restaure la science comme une activité de quête, indissociable du sujet, dont les constructions ne sont pas un reflet du réel. Cette quête est une construction itinérante car elle est un chemin, et errante, car elle s'effectue à tâtons.

Le paradigme de la complexité invite à polariser des énoncés qui guident sur un chemin qui est toujours à construire. Ces énoncés portent alors sur le processus, le flux, le cours des choses et non sur les attributs, caractéristiques de l'objet qui le définissent en tant que chose à étudier. Ils respectent les dimensions du réel, et notamment l'imprédictibilité intrinsèque aux systèmes à propos desquels cette connaissance est produite. Ce paradigme ouvre, restaure et régénère les perspectives.

7 Le paradigme de la complexité restaure une liberté de pensée en déjouant le simplisme et le « solutionnisme »

Les manières traditionnelles de penser et d'agir encore familières aujourd'hui font peser sur le projet un danger permanent. Nous avons déjà évoqué la pression qui tend à dissocier la pensée de l'action. Il en est un autre : la pression qui tend à faire croire aux solutions universelles.

Si cela va de soi pour qui a déjà effectué sa transition vers un paradigme de la complexité, cela va mieux en l'écrivant pour ceux qui y aspirent et qui sont imprégnés par le paradigme classique : les nouvelles manières de penser et d'agir ne sont ni une martingale ni un Graal. Elles ne sont pas une méta-solution capable de dénouer les problèmes sans entrer dans les détails où le diable se niche. Elles ne sont pas un mode de pensée supérieur.

Le paradigme de la complexité est plutôt un *passage à la raison ouverte* qui permet de restaurer une liberté conceptuelle vis-à-vis du paradigme classique sans pour autant l'exclure en phases d'exploration heuristique. Le premier article et conjoint ce qui est séparé par le second : il questionne les prémisses jugées évidentes par l'autre. Métaphoriquement, il s'agit d'un bain de jouvence qui permet de regarder les mêmes objets sous un regard nouveau[25]. Il s'agit d'une façon plus intelligente de réfléchir au même problème en le décrivant autrement.

8 Le développement d'une praxis ancrée sur des problèmes concrets

L'exercice pratique de la manière de penser en complexité est un cheminement constitué d'allers et retours avec le phénomène considéré

---

[25] « *On a toujours traité les systèmes comme des objets ; il s'agit désormais de concevoir les objets comme des systèmes* » Edgar Morin, La Méthode, Tome 1, p.100

conçu comme un système. Il demande pour s'effectuer un ancrage pragmatique sous forme de travaux sur ce qui existe concrètement.

L'intention générale du projet de « Welcome Complexity » est de mettre en œuvre un 'faire ensemble' dans des situations effectives, problématisantes en se proposant les chantiers suivants :

- S'attacher à élucider collectivement les enjeux, expliciter les contextes et les parties-prenantes des situations-problèmes enchevêtrées,
- Travailler à concevoir des processus et des chemins régénérés plutôt qu'à appliquer des méthodes préformatées de résolutions,
- Retrouver les chemins d'une pensée multidimensionnelle qui intègre et développe formalisation et quantification mais ne s'y enferme pas,
- S'attacher à décrire les phénomènes jusqu'à expliciter leur singularité,
- Accepter que nous ne savons pas ce que nous ne savons pas et s'ouvrir au mystère du monde et de soi,
- Activer sans cesse l'attention aux enjeux éthiques en contexte des démarches en cours.

Construire des chemins nouveaux dans un contexte en permanente évolution

1 Les enjeux d'une pratique de la raison ouverte : ouvrir les perspectives et les chemins possibles

Les responsables sont plongés dans un contexte en permanente évolution et s'interrogent[26]. Nous constatons qu'ils savent que les approches scientifiques ne sont pas adaptées à leur réalité vécue. Ils savent qu'à tous les niveaux d'échelle, ces approches sont inadaptées à la conception et à la transformation des organisations qu'ils dirigent. Ils savent en général que ces approches, quelle que soit leur sophistication, sont tributaires de la formulation initiale des problèmes. Ils savent que toutes les données présentées à l'appui des conclusions sont conditionnées par ces mêmes formulations initiales. Mais en l'absence d'alternatives fiables, ils s'en accommodent, ils 'triangulent' et utilisent

---

[26] A l'écoute de la communauté des dirigeants, nous entendons : comment survivre dans un environnement mondialisé ? Comment préserver l'emploi et les statuts tout en faisant face à la concurrence ? Comment s'adapter à la révolution numérique ? D'où viendra le prochain modèle de rupture ? Quel modèle choisir ? Comment aller plus vite ? Comment rendre les organisations plus agiles ?

A l'écoute de la communauté des politiques, nous entendons : comment éviter la montée des extrêmes ? Comment développer des marges de manœuvre sous contraintes budgétaires ? Quels sont les leviers d'action en profondeur sur la société ? Comment restaurer le pouvoir politique face aux lobbies des complexes industriels ?

les moyens mis à leur disposition comme autant d'heuristiques.

Les concepts du paradigme de la complexité renouvellent en profondeur le regard et l'aptitude à ouvrir les perspectives face aux problèmes contemporains dès lors qu'on s'y réfère pour s'attacher à élucider les enjeux et à investiguer ces questions dans une situation qui évolue.

Le projet, c'est d'être en relation à des situations effectives éprouvées par les responsables comme un problème pour lequel les approches traditionnelles ne parviennent pas à concevoir des chemins perçus satisfaisants.

Dans le contexte de la transition en cours, nous discernons, sans prétention d'exhaustivité, plusieurs grandes familles signifiantes de questions émergentes posées par les responsables : la re-conception des modes de production dans un contexte fortement évoluant, le dialogue entre champs d'expertises, l'adaptabilité des organisations, la transition culturelle, l'insertion de son organisation dans son écosystème, le développement de la conscience de son insertion dans un environnement, la re-conception de l'écosystème des organisations.

2 Le besoin éprouvé d'instruire une re-conception des modes de production

Dans tous les secteurs d'activité, les modes de production massifiés à grande échelle ont suivi jusqu'ici des logiques programmatiques et quantifiées, qui cherchent à remplacer l'homme par la machine. Aujourd'hui, ces logiques s'essoufflent.

Avec les évolutions du contexte, les modes de production se transforment dans tous les secteurs[27] en des modes plus adaptés, qui font sortir d'une logique de programmation industrielle. Les modes de production émergents sur le terrain introduisent de fait des logiques renouvelées pour lesquelles les concepts du paradigme de la complexité sont très éclairants.

Inversement, ces concepts permettent de concevoir des approches renouvelées, qui épousent les problématiques singulières et 'évoluantes' de chaque organisation. Citons parmi ces concepts : l'autonomie de l'homme, les anciennes[28] et les 'nouvelles rhétoriques', le couplage entre les systèmes, les logiques multi-échelles, les principes dialogique, hologrammatique, récursif, l'équilibration, le couple accommodation / assimilation, l'articulation des contraires,

---

27 Tous les secteurs définis par et dans le cadre du paradigme classique moderne sont concernés par cette transition : santé, transport, éducation, armée, construction, énergie,...

[28] La métis des grecs, stratégie de rapport aux autres et à la nature reposant sur la « ruse », est bien une forme d'intelligence et de pensée, un mode du connaître. Elle implique un ensemble complexe, mais très cohérent, d'attitudes mentales, de comportements intellectuels qui combinent le flair, la sagacité, la précision, la souplesse d'esprit, la feinte de débrouillardise, l'attention vigilante, le sens de l'opportunité, des habiletés diverses, une expérience longuement acquise. Multiple et polymorphe, elle s'applique à des réalités fugaces, mouvantes, déconcertantes.

l'adaptation aux contraintes, les dynamiques de synergie/ coopération et d'antagonisme/ compétition, l'algorithmique génétique, les simulations multi-agents, etc.

Le projet de « Welcome Complexity » est d'instruire la re-conception des modes de production en contexte en s'attachant à faire pour comprendre et à comprendre pour faire.

3 Le développement du dialogue entre des hommes et des femmes aux expertises et aux vécus distincts

Nous observons au quotidien que les modes d'organisation dont nous héritons ont souvent engendré des groupes humains fermés les uns aux autres, que les acteurs des organisations nomment 'silos'[29], alors que ces groupes servent la même finalité.

Les questions contemporaines auxquelles nous faisons face sont multidimensionnelles. Chaque dimension de ces problèmes nécessite une approche selon des logiques spécifiques, dont la maîtrise demande du temps.

La transformation d'un système multidimensionnel requiert un dialogue entre les êtres humains qui ont développé ces maîtrises distinctes et complémentaires. Ce dialogue génère

---

29 L'expression « silo » est une appellation qui contient à la fois le potentiel nourricier du grain contenu à l'intérieur, la réserve fermée et cylindrique du contenant vis-à-vis de l'extérieur, l'intégration verticale qui ignore les interfaces latérales.

chez chacun le développement d'une connaissance partagée d'autant plus bienvenue que le savoir est dispersé et parcellisé. Ce dialogue provoque un décentrage de chacun par rapport à ses schémas de pensée de référence.

Le collectif a besoin d'une orchestration pertinente des interactions entre les acteurs en dialogues, chacun porteur d'approches logiques distinctes. Ces approches se conjuguent toutes pour orienter intelligiblement les comportements de l'organisation formée par ce collectif[30] assumant pleinement les vocations qu'il se propose.

Notre observation de terrain est que cette orchestration peut émerger, à tous les niveaux d'échelle, comme une pratique adéquate. Le projet de « Welcome Complexity » est de développer et de transmettre la praxis de ces « dialogues » entre des angles de vue distincts.

4 Le développement de l'adaptabilité des organisations aux évolutions du contexte

Nous observons au quotidien que la pensée planificatrice et programmatrice par rétro-ingénierie est mise en échec par l'évolution du contexte, perçu comme de plus en plus complexe et évoluant de plus en plus rapidement. La manière d'être programmatique est remise en cause.

---

[30] Une telle organisation forme un 'système d'action collective'

Nous redécouvrons que toute action humaine, dès qu'elle est entreprise, échappe des mains de son initiateur et entre dans le jeu des interactions multiples propres à la société. Ces interactions la détournent de son but et parfois lui donnent une destination contraire à celle qui était visée.

Plus la situation est complexe, plus les approches stratégiques classiques sont rapidement obsolètes. C'est pourquoi les démarches classiques de la transformation échouent de plus en plus : dichotomie de la décision et de l'action ; application indifférenciée des actions ; aveuglement sur le fait que la décision n'a pas eu l'effet prévu.

Le paradigme émergent prend acte de l'écologie et de la temporalité de l'action, du caractère éminemment adaptatif de toute action de transformation, de la nécessité de prendre en compte le processus d'équilibration des systèmes, d'identifier les leviers à rétroaction positive, d'adapter finement les actions à ce que chacun croit à un moment donné, dans un contexte donné.

En matière de gouvernance des organisations, la transition appelle au développement d'un pragmatisme au sens philosophique du terme. Le pragmatisme ne se réclame pas d'une objectivité qui n'a pas de sens en pratique. Les comportements pragmatiques sont très attentifs et sensibles à leurs conséquences immédiates. Ils s'élaborent sans cesse au contact et en interaction avec l'environnement.

Dans cette transition, la gouvernance tend à ne plus s'appuyer sur une stratégie objective, rationnelle, et programmatique, mais sur une stratégie projective d'action. La stratégie d'action, sera souvent une adaptation réactive, rapide, consciente, non seulement des organisations, mais aussi des plans d'action à mener. « *La façon de penser complexe se prolonge ici en façon d'agir complexe.* »

Le projet de « Welcome Complexity » est de développer et de transmettre des schèmes d'élaboration de stratégies projectives d'action, à tous les niveaux d'échelle, dans le cadre des projets effectifs des organisations. « *La complexité appelle la stratégie[31]* ».

5 La catalyse de la transition culturelle

Dans notre perception du contexte, un enjeu profond de la transition en cours est de permettre à chacun de passer d'une culture d'application d'un programme commandé d'en haut, qui déresponsabilise et instrumentalise, à une culture de l'*ingenium* autonome à chaque échelle, c'est-à-

---

[31] « *La complexité appelle la stratégie. Il n'y a que la stratégie pour s'avancer dans l'incertain et l'aléatoire [...] (elle) est l'art d'utiliser les informations qui surviennent dans l'action, de les intégrer, de formuler soudain des schémas d'action et d'être apte à rassembler le maximum de certitudes pour affronter l'incertain* » Edgar Morin, Science avec Conscience, 1990, p. 178

dire de bricoleur, de concepteur, d'ingénieur, d'architecte, de designer et d'artiste.

Il s'agit d'une transition profonde de comportements et de rapport à sa propre souveraineté. Elle embarque une composante existentielle de rapport à la condition humaine :

- Pour la personne qui endossait le rôle d'opérateur, il s'agit de glisser de l'exécution à l'intrapreneuriat, de ne plus abandonner sa souveraineté à la hiérarchie, d'exercer son esprit critique, de développer son autonomie en interactivité et d'assumer la conscience de sa part de responsabilité ;
- Pour la personne qui endossait le rôle de dirigeant, il s'agit de glisser de la direction à la gouvernance, de déléguer une partie de son pouvoir, de faire confiance, tout en maintenant une vigilance sur le processus qui mène à la décision ;
- Pour la personne qui endossait le rôle d'expert, il s'agit de glisser de la détention d'une vérité immuable à l'adaptation permanente de ses conceptions aux évolutions du contexte.

Le projet de « Welcome Complexity » est de catalyser cette transition culturelle pour chacun.

6 L'insertion de son organisation dans l'environnement

Les organisations actuelles font face à une autre grande famille de problèmes : l'insertion dans son environnement de telle manière que les contraintes écologiques soient intégrées à l'intérieur même des fonctionnements de l'organisation.

Cette transition fait passer d'une organisation qui dans son fonctionnement ne prend pas en compte son impact, à une organisation qui intègre et prend en charge cet impact à tous les niveaux de son fonctionnement interne. Cette transition suppose une re-conception très profonde des modes de gouvernance et d'organisation. Le projet est de contribuer à l'émergence des manières de penser et d'agir adaptées à cette intention.

Le projet de « Welcome Complexity » est la prise en compte par une organisation de son interaction avec son environnement.

7 Le développement de la conscience de sa propre insertion dans un environnement

Une organisation ne pourra prendre en compte et intégrer son interaction avec l'environnement que dans la mesure où les hommes qui les composent pensent et agissent en prenant en compte cette interaction. Pour que les organisations que nous formons prennent en

compte l'environnement, un chemin est nécessaire pour que chacun, en son for intérieur, puisse :
- Sortir du paradigme classique qui le porte à disjoindre culture et nature, individu et environnement ;
- Développer une humilité et une reconnaissance qu'il ne sait pas ce qu'il ne sait pas ;
- Développer une responsabilité des impacts de son action, qu'elle soit personnelle ou par l'intermédiaire d'une organisation dont il participe.

8 La re-conception de l'écosystème des organisations

Si les organisations sont préoccupées de s'adapter à un contexte nouveau perçu comme une contrainte externe, l'exercice de la responsabilité citoyenne exige une réflexion sur l'adaptation du contexte lui-même, perçu comme le résultat d'une construction collective. Les sociétés humaines et leurs cultures créent des contextes favorables ou défavorables à telles ou telles formes de vie. Elles peuvent subir ces contextes comme une fatalité et donc n'avoir comme seule visée que de s'y adapter. Mais elles peuvent aussi, plus ambitieusement, s'interroger sur les possibilités d'agir sur ces contextes eux-mêmes.

Le projet de « Welcome Complexity » consiste à soutenir la re-conception des contextes, c'est-à-dire des écosystèmes au sein desquels s'insèrent les organisations.

Développer une praxis du sujet adaptée aux chemins nouveaux

1 Introduction

La construction des chemins nouveaux s'appuie sur une praxis nouvelle. C'est un enjeu pour chacun de l'acquérir. Dans les situations vécues, nous sommes des sujets en enquête, qui cherchent, éprouvent, tâtonnent, dialoguent et co-construisent avec les autres. Dans ces situations vécues :

- L'expérience n'est pas une source claire et non-équivoque de la connaissance,
- L'adaptation du geste peut être efficace sans procéder a priori d'une conceptualisation et d'une connaissance claire,
- La connaissance n'est pas l'accumulation exhaustive des données ou informations mais l'organisation d'informations incomplètes selon une intention.

La praxis émergente consiste à employer pleinement les qualités du sujet engagé dans l'existence, en s'appuyant sur l'éventail complet de la raison.

2 Restaurer l'aptitude à la créativité et à l'erreur

Le paradigme classique insuffle la tentation de la commande et du contrôle, qui limite l'autonomie et la créativité, la tentation de la certitude qui nie la faille, la tentation de la disjonction qui nie les contraires. Le mode de pensée classique, déterministe, tend à réduire les aléas et les erreurs à de simples écarts à une référence qui reste, au fond, absolue. Ce mode conduit à chercher à les éliminer comme des anomalies.

L'observation de l'histoire met en exergue que les « erreurs » ont eu des rôles majeurs. La destinée des organisations de toutes tailles dépend également des « erreurs » dans l'intelligence de la situation. A cette aune, faire une erreur n'est pas grave en soi pour une organisation. Ce qui est grave, c'est de rester aveugle ou passif face à des évènements de l'environnement qui sont jugés non-significatifs, alors qu'ils sont en réalité critiques. C'est ce qui se passe lorsque des décideurs ne perçoivent pas la nature et le sens de ces évènements, ce qui les conduit à des décisions inadaptées.

A tous les niveaux d'échelle, l'absence de conscience, d'esprit critique, d'engagement, d'adaptabilité, d'autolimitation est synonyme d'appauvrissement et de dégénérescence, qui peut aller jusqu'à la mort symbolique ou réelle.

Le projet consiste à réhabiliter l'aptitude à la créativité et à l'erreur dans une logique adaptative d'essais et d'erreurs, de développer la vigilance aux évolutions de l'environnement et la capacité à juger du caractère significatif d'un évènement.

L'enjeu est majeur dans une période de transition où les dirigeants manquent de clés de lecture pour distinguer l'essentiel de l'accessoire, et où l'immobilisme prudent l'emporte sur les essais courageux. Le risque de fourvoyer le collectif est alors grand.

3 Développer l'éventail de la raison ouverte

Le paradigme émergent développe chez celui qui le pratique l'éventail de la *raison ouverte*. Ce que nous appelons raison ouverte, c'est la rationalité sans rationalisation, c'est une rationalité régénérée qui exerce une pensée critique vis-à-vis des principes de la rationalité formelle. Nous pouvons tenter de la caractériser comme suit :

- Une vigilance alerte à la signification consciente des évènements,
- Une conscience des limites de son modèle de compréhension des phénomènes,
- Une conscience des limites de la raison elle-même,
- Une sensibilité à l'aléa et au désordre[32],
- Une sensibilité aux traits singuliers, originaux et historiques des phénomènes, dont les lois générales ne rendent pas compte,

---

[32] Dont la sérendipité, qui est le fait de « trouver autre chose que ce que l'on cherchait », est une manifestation.

- Une intégration de la relation du sujet à l'objet dans la connaissance par le sujet de l'objet,
- Une intégration de la question de l'existence, de l'être, de la relation du psychique et du physique,
- Un engagement dans la délibération critique.

La praxis émergente, en comparaison à la praxis classique, examine plutôt qu'elle n'analyse, conjoint avant de séparer, cherche le possible plutôt que le nécessaire, le proscriptif[33] plutôt que le prescriptif, les régularités et les contraintes plutôt que les lois, l'organisation « organisante » plutôt que la structure, la question à poser plutôt que la solution à trouver, un vouloir savoir plutôt qu'un vouloir manipuler.

Dans la praxis émergente, la fin n'est jamais donnée, ce qui sonne le glas du primat de la méthode sur le retour critique. Les démarches associées à cette praxis restaurent le sujet dans ses deux polarités : il y est autant disposé à recevoir et à se transformer, qu'à émettre et à transformer.

L'éventail de la raison ouverte se développe à chaque occasion d'écouter, à condition d'entendre,

---

[33] Est proscriptif ce pour quoi tout ce qui n'est pas explicitement interdit est autorisé. Le proscriptif explicite ce qui est interdit : il est de l'ordre de la nécessité. Est prescriptif ce pour quoi tout ce qui n'est pas explicitement autorisé est interdit. Le prescriptif explicite ce qui est autorisé : il est de l'ordre de l'obligation.

des personnes différentes de soi, y compris, voire surtout, lorsque ces personnes ne sont pas pourvues d'une autorité légitimant a priori leur propos.

Le projet de « Welcome Complexity » est de catalyser chez chacun l'accès à ces nouvelles manières de penser en complexité.

4 Développer la pratique de la délibération critique à partir d'arguments plausibles

Pour s'efforcer de bien penser, une première étape souvent utile est de dés-intégrer les fausses certitudes et les pseudo-réponses, afin d'ouvrir le champ des possibles. La praxis nouvelle est indissociable d'une aptitude à se décentrer par rapport à ses propres certitudes et à comprendre le point de vue de l'autre, à s'enrichir sans perdre son propre point de vue.

Cette praxis conduit notamment à une pratique d'écoute des parties prenantes affranchie des hiérarchisations entre les interlocuteurs dont nous sommes consciemment ou non porteurs (statut social, compétences, origines,...), et valorisante pour chaque expérience humaine.

Ce mouvement comporte une composante existentielle : celui qui prend ce chemin est susceptible d'être contraint à abandonner ses certitudes. Il s'agit d'un cheminement intérieur.

Pour s'efforcer de bien penser, il n'est pas nécessaire de borner l'usage de la raison aux syllogismes d'Aristote. L'ensemble des modes de raisonnement est admissible. La seule contrainte est la plausibilité des arguments et l'accueil des contre-arguments également plausibles, dans le cadre d'une délibération critique. L'art de cette délibération à partir d'arguments plausibles est une nouvelle rhétorique.

Le projet de « Welcome Complexity » est de développer l'usage de la raison ouverte et de cette nouvelle rhétorique qui s'appuie sur la plausibilité des arguments fournis dans le cadre de la délibération critique.

5 Développer la pratique de la « méta-méthode »

Nous voyons la réflexion comme la caractéristique la plus riche de la pensée qui est de pouvoir travailler à un niveau méta ('se méta-systémer') [34] et de se transcender[35]. : c'est ce qui

---

[34] Le passage à un niveau méta doit être distingué de la transcendance. Le passage au méta vise les relations cognitives : je fais de l'arithmétique, puis je pense aux limites de ma cognition arithmétique (Gödel). Je fais du calcul puis je pense aux limites du calcul (Turing, Church). Dans le cadre restreint de la pensée mathématique, Grothendiek est à l'origine de la théorie des catégories. Cette théorie est une façon de placer l'ensemble des mathématiques dans un contexte plus riche qui établit des liens jusque-là non concevables entre l'analyse, l'algèbre et la géométrie. Sans aller chercher aussi loin, tout en restant dans la métaphore mathématique, la résolution de x2=-1, énigme de la classe de première, est un autre exemple de comment un système peut s'intégrer et se dépasser : cette équation est une impossibilité conceptuelle dans l'espace des réels ; elle se résout en étendant les réels à un nouvel espace, celui des complexes, qui intègre et dépasse celui des réels. Le passage au méta est possible sans remettre en cause le paradigme épistémologique.

dans la pensée est capable de surmonter les alternatives qui restent fermées dans un paradigme donné, pour les placer dans un contexte plus riche, qui fait émerger des alternatives jusque-là inconcevables. Dans cette perspective, la réflexion ne saurait être compartimentée comme elle tend à l'être aujourd'hui : cette caractéristique n'est pas une propriété de la philosophie.

La méta-méthode est la pratique de cette caractéristique riche de la pensée. Elle comprend deux aspects :

- La 'binocularité' mentale, qui consiste à regarder un système comme agencement de composants ou comme agencement de relations entre composants. Les deux angles de vue mentaux forment une dualité : ils sont irréductibles l'un à l'autre, complémentaires et en relation,
- Le passage à un niveau méta, qui consiste à adopter un point de vue nouveau qui permet d'articuler de façon intelligible des angles de vue jusque-là disjoints.

Il s'agit de développer une praxis qui ne se laisse pas dissocier dans la contradiction et dans

---

[35] La transcendance vise les relations 'ontologiques', c'est-à-dire entre les concepts scientifiques 'durs' et des notions plus englobantes – quoique toutefois moins précises : je définis l'entropie en thermodynamique puis je généralise ce concept aux systèmes. Je construis des hologrammes (Transformée de Laplace) puis j'envisage l'activité du cerveau comme hologramme.

les antagonismes, mais qui au contraire les conjoigne dans un ensemble où ces antagonismes, sans perdre leurs facultés destructives, acquièrent aussi une possibilité constructive.

Le projet de « Welcome Complexity » est de développer la formalisation et la pratique de la méta-méthode.

6 Développer la pratique des émergences collectives conscientes

La pratique de la méta-méthode a une importance cruciale dans le cadre des besoins identifiés des organisations.

Une manière de concevoir un collectif humain consiste à le modéliser en considérant chaque sujet du collectif comme un composant de type 'système complexe'. Dans cette lecture, le passage à un niveau 'méta' est celui où les antagonismes apparemment irréductibles de chaque sujet sont intégrés et dépassés : ils deviennent concevables ensemble à partir d'un nouveau point de vue partagé. Ainsi, la pratique de la 'méta-méthode' :

- développe la sensibilité à ces émergences collectives,
- permet de décentrer l'individu de sa logique auto-référente,
- permet de développer une pensée du collectif dont il est un maillon,
- ouvre à de nouveaux savoir-faire, qui consistent à concevoir et à animer en

conscience de telles émergences collectives.

Le projet de « Welcome Complexity » est de développer la conception des processus qui visent à générer ces émergences et la pratique de l'animation in situ de chaque étape.

Conjoindre à nouveau ce qui était disjoint

1 Introduction

Le paradigme de la complexité reconnaît la singularité, l'aléa, l'autonomie, comme des aspects irréductibles des phénomènes perçus et vécus par chacun.

Dans ce renouvellement de la perspective, la logique formelle perd sa valeur parfaite ou absolue, la théorie est toujours ouverte et inachevée, la société et la culture nous permettent de douter de la science au lieu de contribuer à fonder le tabou de la croyance. Le rapport au monde en est renouvelé : il intègre à nouveau ces aspects, sans renoncer à la construction d'une connaissance scientifiquement valide et transmissible. Il considère toute activité de l'homme dans son interaction avec l'environnement. Cette perspective n'exclut plus mais au contraire conjoint le scientifique, le philosophe et l'artiste.

Le projet de « Welcome Complexity » est d'arpenter un chemin de régénérescence de la relation entre les domaines qui ont été jusqu'ici dissociés par le paradigme de « séparation-exclusion » dominant. Il s'agit concrètement de conjoindre à nouveau. Il s'agit de mener de façon incarnée un dialogue renouvelé entre la science, l'art, la philosophie, la société et le monde.

2 Relier science, art et philosophie

2.1 *Conjoindre science et art*

L'art, conçu comme la pratique consistant à traduire dans une œuvre singulière la perception qu'a l'être agissant de ce qui fait sens pour lui, exige de celui-ci une présence permanente à lui-même et au monde, qui fait de son être tout entier une conjonction entre ce qu'il cherche à transmettre et l'œuvre qu'il façonne.

La discipline de l'artiste - il en est peu d'authentique - nous semble plus exigeante encore que la discipline du logicien, qui engage surtout le mental, là où l'artiste engage à chaque instant l'être tout entier.

La création scientifique emprunte à la discipline de l'artiste la recherche exigeante et tâtonnante des autres possibles. Il y a, dans les deux disciplines, la conjonction de l'exploration ouverte et de la rigueur de sélection. Un exemple édifiant nous a été donné : le disegno[36] de Léonard de Vinci, à l'œuvre à la fois chez l'artiste, le philosophe et le scientifique.

---

[36] Le 'Disegno' est selon Léonard de Vinci, le dessin à dessein. «*Le disegno est d'une excellence telle qu'il ne fait pas que montrer les œuvres de la nature, mais qu'il en produit un nombre infiniment plus varié....Il surpasse la nature parce que les formes élémentaires de la nature sont limitées, alors que les œuvres que l'œil exige des mains de l'homme sont illimitées.* » Léonard de Vinci, Cahiers. (CU.f.116 r)

2.2 *Conjoindre sciences et philosophie*

Le caractère original de la philosophie est sa réflexivité et le retour du sujet sur soi même. Le caractère original de la science est son obsession de la vérification, de la reproductibilité et de la falsification des théories, c'est-à-dire de sa mise en défaut.

La pensée scientifique dans son ensemble est encore incapable de se penser elle-même, de penser sa propre ambivalence et son propre chemin. Elle a toujours pris ses sources et ses prémisses dans la pensée philosophique. Il n'y a pas de frontières nettes entre sciences et philosophie, dès lors que nous remontons aux prémisses qui sont à la racine des sciences.

La logique philosophique, qui sous-tend son discours critique, a la même rigueur que la logique scientifique, tout en étant plus étendue. Il n'y a pas de frontières entre la science et la philosophie sur la rigueur logique. La philosophie moderne tourne pourtant à vide car elle ne se saisit pas des objets de la connaissance empirique.

Les véritables philosophes de notre temps nous semblent être aujourd'hui les rares scientifiques qui prennent le temps de la réflexion et de la délibération critique sur la science, ou les rares philosophes qui s'attachent à penser en relation aux sciences et aux pratiques qui les concernent. Dans le cadre de l'élaboration de la théorie de la mécanique quantique, le débat public entre Niels Bohr et Albert Einstein sur la nature du réel et de la science fut l'un des hauts points de réflexion philosophique de l'humanité moderne. Les grands problèmes scientifiques sont les grands problèmes philosophiques, mais reformulés à partir de l'expérimentation en des termes nouveaux.

La connaissance de la connaissance scientifique comporte nécessairement une dimension réflexive qui ne saurait être déléguée à la philosophie seule et isolée. La restauration du dialogue critique, ouvert et mutuellement fécond, entre sciences et philosophie fait partie intégrante de la méthode émergente pour bien conduire sa pensée.

Avec le paradigme positiviste, nous avons connu un formidable progrès des certitudes scientifiques, et corrélativement, un formidable développement de l'incertitude : en creux des certitudes, la science ouvre un vaste champ de questions qu'elle est parfois tentée d'éviter. Au-delà de ces questions formulées, nous ignorons évidemment ce que nous ignorons.

C'est au lieu défini par ce que nous pensons savoir d'une part, et par ce que nous savons que nous ne savons pas d'autre part, que peut s'orchestrer un dialogue fécond avec la philosophie sur les problèmes racines de l'humanité : ontologique, épistémique, éthique, eschatologique.

2.3 *Conjoindre science, art et philosophie*

Dans le paradigme de la complexité, il apparaît que l'art, la science, la philosophie ont un esprit commun : ces disciplines partagent l'exigence et la rigueur du jugement qui commande la pensée et l'acte.

La science, qui s'est largement séparée de l'art et de la philosophie pour se constituer, se différencie uniquement en ce que les moyens de la vérification et de la réfutation des théories scientifiques sont plus immédiats et plus efficaces.

Le projet de « Welcome Complexity » est de renouer le dialogue entre l'art, la philosophie et la science.

3 Relier les sciences, la politique et la société

3.1 *Relier à nouveau la science à sa société*

Il est maintenant généralement admis que la science n'est pas hors-sol. La science est une matière vivante qui vit, évolue, et où s'établit un dialogue entre l'objet et le sujet, entre l'anthropologie sociale et les sciences naturelles.

Nous éprouvons le besoin de rompre l'isolement insulaire de la science et de mettre un terme à la dissociation entre science et société, tout en maintenant une certaine autonomie péninsulaire, qui est nécessaire à la recherche.

3.2 *Développer une science reliée à sa société en conscience*

En relation à l'art et à la philosophie, une science consciente d'elle-même a besoin d'une science de la science, d'une connaissance de la connaissance. La science, pour mener son propre chemin, a le besoin de s'enrichir d'un point de vue épistémologique. Ce point de vue, capable de révéler l'enracinement de la science dans une culture et une société, révèle les postulats métaphysiques et même la mythologie cachée à l'intérieur de l'activité scientifique.

3.3 *Restaurer la responsabilité éthique du scientifique*

Dans le paradigme de la complexité, *fait* comme construit méthodologique et *valeurs* comme ce qui « vaut » sont conjoints, comme le sont la science et la société dans laquelle elle s'enracine.

De même que la science a eu besoin, à ses origines, pour préserver sa fécondité et pour échapper au dogme religieux, d'être isolée du reste de la société, l'impératif de connaître chez le chercheur a dû s'instaurer en seul absolu de son éthos, afin de triompher de tous les interdits qui limitaient le développement de la connaissance. De cet impératif, notre société a conservé des traces idéologiques, sous la forme de mythe originel du héros, qui risque sa vie pour faire triompher la vérité scientifique devant la vérité dogmatique. Galilée est de ceux-là.

Compte-tenu des enjeux éthiques et citoyens de la recherche, nous avons besoin aujourd'hui de mettre un terme à la domination de l'éthique scientifique de la connaissance « désintéressée », développée par les chercheurs comme supérieure à toute autre valeur. Il s'agit d'instaurer une délibération critique, en conscience des enjeux citoyens associés à toute activité scientifique.

3.4   *Développer une société qui oriente la science*

Dans notre perspective, la science est un processus organique qui ne détient aucune vérité mais une explication plausible à date qui fait l'objet d'un consensus intersubjectif au sein de la communauté scientifique. Elle est une matière évolutive.

Si, en vue d'assurer son dynamisme et sa fécondité, la science a pour contrainte de pouvoir vivre et assumer une mosaïque de valeurs, cette même science, en dialogue avec la société, ne saurait s'affranchir d'une gouvernance citoyenne qui reste à définir.

Les pouvoirs non souverains ont tendance à orienter et à instrumenter la recherche à des fins qui n'ont pas fait l'objet d'un dialogue citoyen ouvert. Ainsi finalisée, cette recherche vise à atteindre à telle ou telle application dans une logique de court terme à l'horizon de la société. Elles sont souvent fermées à la diversité des pistes et des points de vue. La gouvernance citoyenne instaure des limites afin de prémunir la recherche des pouvoirs non souverains d'une part, et de l'autre de s'assurer que les chercheurs sont en conscience de leurs choix éthiques et épistémologiques.

Le projet de « Welcome Complexity » est de relier scientifiques et citoyens. Il s'agit d'assurer un débat éthique et argumenté sur les sciences afin d'éclairer le politique et la société civile. Il s'agit d'assurer un enseignement scientifique qui ne s'épargne plus l'effort de l'exercice critique, afin de ne plus transmettre une épistémologie latente qui tend à s'instaurer en dogme et à faire obstacle à la pensée créative et critique.

4 Relier raison, action, et sentiment d'exister

Nous avons évoqué à plusieurs reprises que ce projet emporte une dimension existentielle. Il est temps d'esquisser les relations que nous proposons entre la raison, l'action et le sentiment d'exister, afin de nous les rendre intelligibles.

4.1 *Relation entre la raison et l'existence*

Notre conviction est que l'existence et l'être ne sont ni irrationnels ni rationnels : ils sont. Le réel transcende toujours cette distinction. Si nous pouvons méditer et développer de l'intérieur une connaissance métaphysique sur l'essence de l'être, nous n'aurons jamais une connaissance rationnelle de l'essence de l'être et de l'existence en soi.

La raison développée dans le paradigme de la complexité reconnaît ce qui est refoulé par la raison classique. Elle entretient un dialogue entre le rationnel, l'irrationnel (absurde), mais également avec l'a-rationnel et le sur-rationnel. Elle ne se laisse pas emprisonner dans une opposition fermante entre ce qui serait rationnel et ce qui ne le serait pas. La raison, celle de la véritable rationalité, dialogue avec l'irrationalisable, l'incertitude, l'imprédictible, le désordre, l'ignorance au lieu de les oblitérer. La raison dialogue notamment avec les émotions, les sentiments, les rêves et le mystère, perçus comme autant de sources et de ressources.

4.2 *Relation entre raison et stratégie vis-à-vis du monde*

Notre conception est que tout homme se manifeste par son action finalisée dans le monde, intermédiée par l'outil. L'homme explore, essaie, agit, en cherchant. Même s'il est contraint par l'outil, il n'est pas programmé par lui. L'homme est philosophe. Il réfléchit sur son action. Il pense, conçoit, pilote et manie l'outil. La rationalité apparaît alors comme une stratégie de connaissance et d'action.

La rationalité suppose le développement de l'autonomie de pensée, c'est-à-dire de la capacité à percevoir, comprendre, utiliser en les dépassant, les multiples dépendances – outils, structures, idéologies, etc. – avec lesquelles nous interagissons.

La rationalité comme stratégie est un dialogue avec le monde, une lutte et une coopération avec le désordre, afin de se le rendre intelligible. La stratégie au sens générique, c'est penser et agir en complexité.

4.3 *Relation entre sentiment d'exister et stratégie vis-à-vis de l'autre*

Nous commençons par observer que le sentiment d'exister s'éprouve et ne se prouve pas. Le sentiment d'exister d'un être est un ressenti qui dépend aussi de la considération que les autres lui accordent. Dans la relation à l'autre, ce qui donne à exister, c'est la relation authentique, c'est-à-dire une relation où l'autre n'est pas conçu comme un objet manipulable mais un sujet dont la liberté est respectée.

4.4 *Relation entre sentiment d'exister et stratégie vis-à-vis de soi*

Ce qui donne le sentiment d'exister, c'est aussi la relation authentique à soi comme un autre, le fait de ne pas se concevoir soi-même comme un objet manipulable, le fait de se considérer, le fait de reconnaître sa propre part de création, d'inconnu et de mystère. Quelle que soit son action dans le monde hors de toute théorie (praxis), l'homme nous semble devoir être reconnu comme poète de lui-même, au sens où pour une part, il crée et se crée comme être singulier (auto-poïesis).

Le projet de « Welcome Complexity » est de développer le sentiment d'exister de chacun, par la qualité de la stratégie de connaissance et d'action que chacun instaure dans la relation à soi, aux autres et au monde.

Relier l'homme et la planète

Dans la mesure où l'homme a une action sur la planète, dans la mesure où la planète a une action sur lui en retour, dans la mesure où cette action humaine est collective, il est nécessaire, pour rendre compte de l'écologie dite naturelle (minéral, végétal, animal), de prendre en compte l'action collective des hommes qui transforme la planète. L'homme et la planète ont une interdépendance et une autonomie relative. L'étude des phénomènes dit « naturels » ne peut être séparée des phénomènes dits « humains ».

Dans le paradigme émergent, la conception et l'action s'effectuent en conscience de cette co-dépendance entre l'homme et son environnement, entre ce qu'il produit et ce qui le produit, entre soi et l'autre.

Le projet de « Welcome Complexity » est de développer l'aptitude de chaque organisation à se concevoir comme un « hôte » respectueux, en relation de co-dépendance avec l'environnement.

Construire les nouvelles connaissances scientifiques

1 Développer les racines des nouvelles connaissances scientifiques

1.1 *Etendre le champ du connaissable et éclairer les points jusqu'ici aveugles*

Nous avons argumenté que le champ de connaissance accessible au paradigme classique est limité : la méthode classique ne peut concevoir que des causalités extérieures aux objets. Dans ces approches classiques, il n'y a notamment pas de concept pour penser l'aléa, la singularité, l'autonomie, le soi, et donc a fortiori le sujet et la vie. Le paradigme classique ne permet de voir dans les phénomènes que des quantités ou des objets manipulables, là où il y a des êtres et des individus.

Ce que le paradigme classique ne peut concevoir, il l'exclut du champ du connaissable. Dans le paradigme classique, certaines sciences sont perçues et marginalisées comme « hétérodoxes » ou « molles » et opposées aux courants « orthodoxes » ou « durs ». La domination du paradigme 'classique' est si forte qu'elle a engendré une scission des communautés entre disciplines du système des sciences comme par exemple celle des sociologues ou encore celle des économistes en deux familles : d'un côté celle qui se veut 'scientifique' et de l'autre, celle qui résiste à cette 'scientifisation'.

Le faisceau d'éclairage du paradigme classique ne couvre qu'une partie du « réel ». Les courants jusqu'ici exclus par la science dominante comme « hétérodoxes » se sont efforcés de ne pas exclure des pans essentiels de ce réel. Ils ont fait en sorte de conserver les idées d'autonomie, d'aléas, de singularité, d'histoires et de sujet. En dehors du paradigme classique, ils ont cheminé.

Le paradigme scientifique émergent élabore les racines scientifiques de ces concepts. Il ouvre la possibilité d'intégrer et de dépasser la dichotomie entre orthodoxe et hétérodoxe, en enracinant l'ensemble des sciences dans un nouveau paradigme où anciens et nouveaux concepts forment un champ nouveau du connaissable. L'intégration et le dépassement - qui sont un passage au méta - ouvrent les perspectives, en réduisant les a priori qui restreignent le champ de l'exploration.

Dans ce champ nouveau, il devient possible de reconnaître, d'enraciner et de soutenir les aspirations individuelles et collectives à l'autonomie et à la liberté, jusque-là exclues du champ de la connaissance. Une science de l'autonomie devient envisageable.

Ce passage a ses contraintes: pour le faire nous devons renoncer à l'échelle de la mesure, restreinte à la couche matière-énergie, pour reconnaître que tout est changement de forme pour la couche information-organisation.

1.2   S'ouvrir à toutes les rationalités

Au fur et à mesure du sentier que nous traçons, une nouvelle rationalité se laisse entrevoir. La rationalité classique cherchait l'ordre présumé statique dans la nature. La rationalité émergente vise à concevoir l'organisation, présumée dynamique et adaptative, et l'existence. Pour nous rendre le monde intelligible, nous ne saurions nous limiter à une rationalité adaptée à la seule physique[37]. Les sciences biologiques, neurophysiologiques, neurobiologiques, écologiques, les sciences informatiques, cybernétiques, robotiques, cognitives, les sciences de la communication, linguistiques, psychologiques, socio-anthropologiques, philosophiques, sont toutes contributives à l'émergence de cette nouvelle rationalité.

---

[37] Ce qui pourrait sembler aller de soi au lecteur n'est hélas pas ce que nous observons dans les institutions. Considérons le cas de la science économique : elle s'est efforcée pendant des décennies de se constituer selon le modèle de la physique newtonienne. Depuis 15 ans, nous observons qu'elle s'efforce de se renouveler. Elle remet en cause certains de ses postulats sur les comportements 'individuels' en s'inspirant de plus en plus des sciences cognitives et de la psycho-sociologie. Toutefois, ces emprunts ne l'ont pas pour l'instant conduit à renoncer, ni même à questionner, son exigence de formalisation selon les canons de la rationalité classique. Or, les sciences du vivant sont beaucoup plus proches de l'activité économique que les sciences physiques : il s'agit dans les deux cas d'un déploiement du vivant autour de notion de ressources et de consommations, de stock et de flux, d'organisations autonomes dans un environnement.

La nouvelle rationalité forge des concepts scientifiques jusque-là inconcevables dans le paradigme classique : autonomie, soi, individualité, sujet, liberté, singularité, aléas, histoire.

Sur cette voie, ces concepts ne sont plus des notions substantielles, des principes ou de la métaphysique. Il devient possible de considérer l'autonomie, l'individu, le sujet, non comme des notions métaphysiques mais comme des notions qui peuvent trouver leur enracinement et leurs conditions physiques, biologiques, et sociologiques. Il devient par exemple possible de donner un sens scientifique à la notion d'autonomie.

Sur ces réalités qui entrent dans le champ du connaissable, l'intelligibilité que nous en développons ne nous donne pas de prise ou de contrôle, mais aide la pensée à guider l'action en complexité, en modifiant notre regard :

- Là où nous regardions au prisme des lois naturelles de la matière et de l'énergie, nous nous dotons des moyens de concevoir la dynamique et les contraintes de l'information et de l'organisation,
- Là où nous cherchions des éléments réduits, tel que le squelette ou la structure, dont nous cherchions les lois et les contraintes pour les manipuler, nous nous dotons des moyens de concevoir l'élément relié, avec sa chair et son environnement,

- Là où nous avions des contraires irréductibles, nous nous dotons des moyens de concevoir en interaction et en association les concepts de déterminisme et de liberté, comme d'autonomie et de dépendance : la liberté est contrainte par ses conditions d'émergence, mais elle peut rétroagir sur ces conditions et générer l'autonomie.

Le projet de « Welcome Complexity » est de contribuer au développement des concepts du paradigme de la complexité.

L'enjeu concret est majeur. Aujourd'hui, la forme des organisations est encore très majoritairement conçue arbitrairement en fonction d'enjeux de pouvoir et de territoire. Il s'agit ici de fournir les outils conceptuels pour penser en 'sapience'[38] l'organisation et la gouvernance de toutes nos organisations, afin que ces organisations servent au mieux la finalité du collectif. Scientifique signifie ici 'sapience' ou science avec conscience. Il s'agit de la science telle qu'elle est conçue dans le paradigme de la complexité. Dans ce cadre, les organisations procèdent d'une construction rigoureuse et argumentée en fonction du projet collectif et des contraintes. Il ne s'agit pas de l'approche positiviste et réductrice telle qu'évoquée

---

[38] Le terme 'sapience' vient se substituer dans le paradigme émergent au terme 'scientifiquement' dont l'usage dans le paradigme classique est devenu trop associé à une approche réductrice.

précédemment. Cette construction des organisations fait l'objet d'une délibération critique. L'organisation devient un moyen au service du collectif et non une fin au service de quelques-uns.

Ce projet de contribution scientifique est indissociable d'un travail concret de conception des organisations.

2 Articuler les disciplines scientifiques autrefois disjointes

2.1 *Relier les grandes disciplines*

Le paradigme positiviste formalisé par Auguste Comte a engendré une conception linéaire sous-tendant le formalisme du système des sciences. Les sciences y sont dissociées et séparées en disciplines selon leur objet d'étude.

Le paradigme de la complexité fait émerger un complexe des sciences distinguables mais non séparables. S'il y a une frontière entre les sciences, elle n'est pas de mesure nulle mais dispose de son épaisseur propre[39]. Je ne bascule pas abruptement de l'une à l'autre. Le passage est une transition qui forme un *sfumato* clair-obscur. C'est précisément en ce lieu d'articulation des sciences entre elles, usuellement négligé, que se concentrent les phénomènes complexes qui conjoignent les sciences.

---

[39] Le problème scientifique de la 'couche limite' en aéronautique est sans doute l'un des plus ardu de ce champ disciplinaire, justement parce qu'il est à la frontière.

Au cœur de ce système des sciences se trouvent les sciences de l'esprit (sciences de conception, sciences cognitives, neurophysiologie, linguistique, philosophie, rhétorique, anthropologie sociale, psychologie cognitive…)[40].

Autour de ce cœur, s'enroulent en spirale les grands domaines des sciences selon des niveaux d'émergence. Ces niveaux d'émergence vont de celui de la physique de la matière et de l'énergie, qui enracine celui de la biologie et de la physiologie, à celui de l'information et de l'organisation, qui enracine celui de l'anthropo-éco-sociologie et de l'homme.

Le sujet humain, être vivant, est à son tour celui qui conçoit : il boucle le circuit des sciences, dans la mesure où la science physique conçue par lui, et qui enracine la façon dont il se conçoit, est une production qui a ses conditions anthropo-sociales.

Le projet, c'est de développer et de diffuser une conception nouvelle du système des sciences,

---

[40] Les champs des sciences cognitives, des systèmes complexes, ou encore de la robotique, sont des exemples de champs de recherche qui se sont par définition construits comme pluri-disciplinaires, avec une organisation de fait autour d'un objet d'étude (cerveau, pensée, systèmes complexes, robots) et non pas autour d'un projet. L'épanouissement de ces champs souffre de surcroît du cloisonnement universitaire en sections disciplinaires. Les chercheurs formés dans ces champs sont en effet difficilement identifiables par l'institution et cela nuit à leur carrière, bien que leur contribution à la connaissance soit reconnue comme essentielle.

qui explicite les articulations des sciences entre elles.

Les enjeux sont majeurs pour les institutions de construction et de transmission de la connaissance. Toutes les grandes institutions d'enseignement sont encore constituées autour d'une conception linéaire où les disciplines sont séparées selon leur objet d'étude. Elles ne transmettent toujours pas des concepts adaptés aux enjeux de la société d'aujourd'hui. Le déploiement de cette vision assurerait aux établissements qui l'oseraient une qualité et une pertinence du cursus qui serait rapidement reconnue sur le terrain.

2.2 *Revisiter les théories classiques*

Toutes les théories classiques sont éclairées d'un jour nouveau dans et par le système complexe des sciences. Les théories classiques étaient définies par leur objet d'étude. Le domaine scientifique associé sous forme de théories et de modèles est celui qui correspond à la logique explicative spécifique à cet objet.

Si nous pouvons discerner un tel champ disciplinaire (par exemple la physiologie), cela ne vaut pas séparation d'avec les autres champs. L'objet d'étude (par exemple l'adrénaline) de chaque théorie classique (par exemple la physiologie) s'articule d'une part avec les niveaux d'émergence où elle prend sa source (par exemple la biologie) et d'autre part avec les niveaux pour lesquels elle est une source (par exemple la psychologie). Il est possible de reconsidérer chaque théorie classique à l'aune de cette double articulation de son objet d'étude. Aucune théorie n'est séparée des autres.

Il est possible de ré-appréhender toutes les théories dans leur dimension systémique et organisationnelle. Il est possible de reformuler les problèmes théoriques dans la sémantique du paradigme émergent, de les éclairer d'un jour nouveau, et de poser des questions nouvelles.

Ce travail d'articulation et de ré-enracinement des théories dans le paradigme émergent est un passage au méta, qui ouvre profondément les perspectives de chaque discipline. Ce travail fera émerger les dimensions ignorées et les conjonctions qui n'ont pas été faites. En retour, de nouvelles investigations concrètes pourront être menées dans chacune de ces disciplines, dans la ligne des nouvelles questions ouvertes.

Le projet de « Welcome Complexity » est de catalyser ce travail entre scientifiques à la frontière des disciplines, de développer un nouveau regard sur chaque discipline et de permettre de les embrasser d'un regard commun.

Les enjeux concrets sont majeurs. Aujourd'hui, nous ne disposons pas des concepts qui permettent de penser nos sociétés et nos organisations comme des systèmes où tout est relié. Nous pensons de façon segmentée, ce qui ne nous permet pas d'agir sur nos sociétés comme un tout. Alors que nous participons tous à la société, à la dégradation de l'environnement, à une situation d'inégalité des moyens sans précédent, nous sommes tous démunis car nous n'avons pas les outils conceptuels pour penser notre participation. C'est ainsi que quelques-uns peuvent encore manipuler des masses financières considérables, sans aucun sentiment de leur responsabilité vis-à-vis du reste de la société. Le bon sens élémentaire est bafoué car nous n'avons pas les moyens de penser notre relation à la dynamique collective que nous engendrons ensemble. Les actions cumulées de chacun peuvent précipiter le collectif dans sa chute sans qu'aucun ne puisse le penser et le prévenir, ni sans qu'aucun ne considère clairement sa part de responsabilité, largement diluée dans la complexité du système et les phénomènes émergents.

Eclairer la cité

1 Etre vigilant et éclairer les simplifications et les dégénérescences

Le paradigme classique dominant est miné par diverses formes de dégénérescence :

- Une dégénérescence du développement de la connaissance, exclusivement orienté par des fins de manipulation opérationnelle,
- Une dégénérescence de la théorie vivante en doctrine pétrifiée qui s'isole et érige des barrières,
- Une réduction de la complexité de la théorie, simplifiée jusqu'à perdre sa capacité à interpeller la pensée.

Le projet de « Welcome Complexity » comprend une vigie vis-à-vis de ces dégénérescences. Il nous semble qu'un devoir citoyen consiste à les détecter, les discerner et les mettre en lumière, selon des modalités adaptées à chaque population.

2 Eclairer l'éthique par l'épistémologie des nouvelles connaissances

Le développement des racines du paradigme émergent ouvre la possibilité d'une théorie du sujet au cœur même de la science. Il devient possible de développer une critique du sujet dans et par l'épistémologie associée aux nouveaux champs de connaissance.

Ces débats, en relation aux philosophes, à la frontière de ce que nous savons, et ce que nous savons que nous ignorons, peuvent éclairer l'éthique, sans jamais s'y substituer.

3 Développer l'esprit critique des citoyens

Le débat éthique ne saurait être restreint aux seuls spécialistes. La gouvernance citoyenne et la délibération critique supposent que chaque citoyen dispose de manières de penser et d'agir régénérées. Le développement de ces capacités à chaque âge, dans un cadre adapté à la singularité de chacun et au contexte (capacités, lieu, histoire, obédience,…), est à l'aune de ce projet jugé essentiel.

Le projet de « Welcome Complexity » comprend pour chaque génération le développement des aptitudes à l'esprit critique et délibératif, des capacités à concevoir ses propres façons de penser et d'agir, des facultés à vivre et faire ensemble.

4 Passer de l'humanisme aux humanances

4.1 *L'humanisme : origine et points aveugles*

Le passage à un paradigme de complexité entraîne une transition dans la conception que nous nous faisons de l'homme.

Nous pouvons décrire schématiquement « l'humanisme » comme une position philosophique et idéologique conçue à la fin du XIXième siècle pour caractériser a posteriori les valeurs et les modes de pensée des 'humanistes', qui ont été à l'origine de l'apparition du paradigme de pensée que nous avons appelé 'classique'. Cette idéologie se caractérise par la volonté de remettre l'homme au centre et d'instaurer une hiérarchie où les valeurs 'humaines' sont au-dessus des autres valeurs.

La position humaniste est à l'époque une remise en cause radicale du paradigme dominant. Elle participe de la lutte des hommes contre le dogme de vérité divine et immuable qui s'imposait alors aux hommes, pour reconquérir leur autonomie et développer des voies nouvelles. La lutte contre la scholastique va de pair avec la démarche scientifique, qui constitue un versant pratique de l'humanisme. Cette démarche s'enracine dans l'expérimentation. Pour l'humaniste, c'est par l'appel aux faits que l'on réfute et non par l'appel au dogme. Pour l'humaniste, c'est à lui d'utiliser sa raison pour mettre à jour les lois universelles de la nature, sans se laisser entraver par le dogme religieux.

L'humanisme est une idéologie. Elle présente des points aveugles. Elle est porteuse d'un projet politique et social implicitement porté par la science 'classique', chargée de découvrir les lois naturelles : celui de « l'ordre et du progrès ». Cet universalisme « éclairé » a légitimé à l'extérieur de nos sociétés l'oblitération de la singularité des peuples « non éclairés », colonisés, massacrés ou mis en esclavage au nom de l'ordre et du progrès.

A l'intérieur de nos sociétés, la croyance nouvelle en des lois universelles a légitimé la programmation des hommes[41].

Nos sociétés ont eu tendance à se satisfaire de la conception de l'être humain que les Lumières nous ont laissée en héritage. Nous avons eu tendance à la considérer comme allant de soi. La simple conscience que chacun a de son existence ne constitue en rien une connaissance de soi et de l'homme. Nous observons ici une absence de questionnement qui est le signe d'un aveuglement: l'être humain qui connaît est sans doute ce que nous connaissons le moins.

4.2 *Humanances comme émergence*

Nous observons des signes d'une lutte contre l'idéologie dominante associée à ce que nous appelons le paradigme classique. Cette lutte vise à restaurer des espaces de liberté, à développer des voies nouvelles, en s'émancipant de la 'pensée unique' là où elle devient inféconde. Le rejet des partis classiques de droite comme de gauche, le rejet du « système », le mouvement des 'Indignés', de 'Podemos', de 'Nuit Debout' peuvent être lus comme des mouvements associés à cette lutte (mais pas seulement). Ces mouvements cherchent encore leur voie. Nous les lisons comme des signes d'une aspiration croissante des citoyens à

---

[41] L'oblitération et la programmation des peuples perçus comme étrangers à soi ont eu lieu en de nombreuses périodes de l'histoire et ne se limitent évidemment pas à celle-ci.

davantage de souveraineté dans un contexte de complexification des sociétés humaines.

Le paradigme émergent développe des voies nouvelles pour la conception de l'homme, de la relation à soi, aux autres et au monde. Il pousse à une complexification de cette conception, qui épouse la multiplicité et la singularité des hommes et de leurs relations. Nous nommons ces conceptions émergentes « humanances ».

Une première esquisse de conception de l'homme peut être tentée : un sujet humain, autonome, interdépendant, qui manifeste dans son comportement des aléas, de l'imprédictibilité, qui est en interaction avec l'ensemble du monde dont il participe et qui en retour le conditionne.

Cette nouvelle conception prend la forme d'une reconnaissance de la complexité anthropo-socio-éco-technique de notre civilisation. Elle conduit à ré-ouvrir le champ politique et à reconcevoir le vivre-ensemble, en s'appuyant sur le champ des nouvelles connaissances. En outre, elle ouvre la possibilité de penser la complexité des outils technologiques, à la fois manipulables et manipulants, par lesquels nous sommes agis et agissants.

Toute conception de l'homme engage en puissance un projet politique. Le projet de « Welcome Complexity » a une composante politique assumée qui est associée à la finalité du bien-vivre et du bien-œuvrer ensemble. Il ne s'agit aucunement d'un parti, mais d'un travail de re-conception de l'homme.

L'enjeu est toutefois concret pour la politique : il s'agit de fournir les moyens conceptuels permettant de renouveler profondément la pensée politique et d'ouvrir les chemins possibles pour nos sociétés.

Conclusion : vers l'institutionnalisation de l'action

Tout au long de cette exposition, nous avons envisagé un ensemble de chemins pour agir.

Nous ne proposons pas d'ajouter un nouvel élément au bouillonnement individuel et associatif, partout présent, qui se développe organiquement dans les zones d'ombres du paradigme dominant, en réaction ou en création, en pratique ou en conception. Chacun de ces éléments est un composant du paradigme émergent.

La voie que nous proposons est de se positionner sur la relation entre ces morceaux trop souvent isolés du paradigme émergent. Il s'agit d'être un agent coagulant des agents de transformation.

Nous pensons que le point d'action juste au service de la finalité du bien vivre ensemble consiste à co-construire une institution capable de catalyser :

- La construction de chemins nouveaux face aux problèmes contemporains ;
- Le développement de la praxis adaptée ;
- La conjonction de ce qui était disjoint ;
- La construction des nouvelles connaissances scientifiques ;
- La prise de conscience de l'existence du réseau des 'humanances'.

Conclusion : Vers l'action

Que fait « Welcome Complexity » ?

Nous faisons en sorte que chacun soit en mesure de réaliser les changements qu'il perçoit comme nécessaires au développement de son collectif. Autrement dit, nous catalysons la diffusion et l'appropriation de l'art et de la science d'orchestrer intelligemment les intelligences de chacun, depuis la personne jusqu'à la société en passant par le groupe et les organisations.

« Welcome Complexity » contribue à son écosystème au travers des lignes d'activité suivantes (tableaux détaillés en annexe 4) :

- **Observatoire :** construire la visibilité et le pont entre la recherche en complexité, les responsables et les praticiens,
- **Carrefour de rencontres :** tisser les liens féconds pour chacun et pour tous, de façon trans-disciplinaire, trans-sectorielle, trans-fonctionnelle, trans-culturelle, à la

manière de conférences Macy[42] étendue aux praticiens,
- **Apprentissage et compagnonnage :** catalyser l'apprentissage multi-modal tout au long de la vie des manières régénérées d'agir et de penser en complexité par une ingénierie, une production et une maintenance appropriée du processus de compagnonnage,
- **Animation de réseaux :** animer la communauté des apprenants, des apprentis et des compagnons ; donner à connaître et à reconnaître la qualité d'apprentissage et d'exercice de la complexité comme source et ressource in situ,
- **Contenus :** mettre à disposition et faciliter l'accès aux savoirs relatifs aux processus collectifs clés. Ces processus comprennent notamment : élucidation des enjeux, examen d'une situation, raisonnement, visualisation, délibération, développement d'une vision partagée,

---

[42] Présentation des conférences Macy sur https://fr.wikipedia.org/wiki/Conf%C3%A9rences_Macy : « Les conférences Macy, organisées à New York par la fondation Macy à l'initiative du neurologue Warren McCulloch, réunirent à intervalles réguliers, de 1942 à 1953, un groupe interdisciplinaire de mathématiciens, logiciens, anthropologues, psychologues et économistes qui s'étaient donné pour objectif d'édifier une science générale du fonctionnement de l'esprit, en travaillant à la convergence entre sciences. Elles furent notamment à l'origine du courant cybernétique, des sciences cognitives et des sciences de l'information. »

projection dans l'action, déploiement d'un plan stratégique, organisation, transformation, etc.,
- **Recherche et instrumentation (amont) :** contribuer à la recherche sur la gouvernance et l'organisation des systèmes d'action collective depuis le paradigme émergent[43] ; contribuer à l'élaboration de chemins et de praxis nouvelles ; contribuer au développement de l'instrumentation pertinente pour la mise en œuvre de ces nouvelles voies,
- **Projets partenariaux de soutien de l'écosystème associatif en synergie :** contribuer et soutenir l'apprentissage de la complexité par le riche écosystème émergent en synergie avec l'intention et la vocation,
- **Projets opérationnels inducteurs[44] (aval) :** exercer en situation l'art et la science de l'agir et penser en complexité en participant à des projets opérationnels vécus comme étant à fort enjeux ou à des projets opérationnels conçus pour

---

[43] Paradigme systémique et complexe

[44] Les projets opérationnels sont des inducteurs car ils tirent en avant l'apprentissage. L'apprentissage de l'agir et penser en complexité ne prend son sens qu'en rapport à une situation concrète où l'apprenant est en prise avec un projet, une expérience vécue. L'apprentissage est motivé par – et s'effectue en relation avec – des projets et des situations perçues comme des problèmes bien concrets.

démultiplier les situations d'apprentissage.

A quel moment solliciter « Welcome Complexity » ?

Nous sommes un tiers de confiance à but non lucratif enraciné dans la recherche qui propose un compagnonnage.

Nous vous invitons à nous solliciter, dès que vous prenez conscience par étapes :

- De la nécessité de manières régénérées[45] d'agir et de penser face aux situations que vous vivez,
- De l'existence de manières régénérées d'« Agir et Penser en Complexité[46] »[47],
- Du fait que ces manières ne sont pas seulement une pratique mais forment un art et une science,

---

[45] Dans l'ordre du vivant, ce qui ne se régénère pas dégénère. Les manières d'agir et de penser traditionnelles, c'est-à-dire enracinées dans le paradigme de pensée classique positiviste, tendent à dégénérer : elles sont de moins en moins perçues comme guidant notre action et notre pensée de façon satisfaisante au regard des problèmes que nous percevons.

[46] Pour une définition succincte de la complexité, voir page 136.

[47] En relation aux incapacités croissantes du paradigme traditionnel à nous rendre intelligibles les situations que nous vivons, un paradigme émergent s'élabore, plus particulièrement depuis 70 ans, sous la forme d'un paradigme dit de la « complexité ». Ce paradigme est la source de manières régénérées d'agir et de penser plus adaptées à ces situations.

- Du fait que cet art et cette science forment une praxis qui appelle à une vigilance épistémique, éthique et civique.

Notre rôle est d'accompagner chacun tout au long de sa vie dans ses situations vécues et dans ses projets où il sera amené à exercer et à développer cet « Agir et Penser en Complexité » qui concerne tous les êtres humains, quelles que soient leurs caractéristiques socioculturelles[48] : âge (enfants, adolescents, adultes, retraités…) ; fonctions (ouvriers, employés, cadres, cadres dirigeants, dirigeants,…) ; métiers (administrations, collectivités, enseignement-recherche, santé, industrie, banque,…).

Si vous êtes face à une situation *compliquée*[49], vous n'avez pas besoin de nous. Vous trouverez avec un peu de temps et d'argent une solution connue satisfaisante.

---

[48] Si « l'agir et penser en complexité » nous concerne tous indépendamment des caractéristiques socioculturelles, l'ingénierie de l'apprentissage en dépend en revanche beaucoup, de façon à se rendre audible et accessible à chacun en fonction de ces caractéristiques.

49 Une situation compliquée est analogue à une situation facile. Il s'agit dans les deux cas d'une situation où « l'ensemble » des problèmes existe de façon pré-déterminée. La question qui se pose dans les deux cas est celle de la résolution du problème, pas de trouver le problème à poser. Lorsque cet ensemble est de très grande taille, notamment si la taille est liée aux paramètres avec lesquels le problème est posé, la résolution peut s'avérer très compliquée. Elle reste néanmoins un problème de combinatoire algorithmique.

Conclusion : Vers l'Action

Si vous êtes face à une situation que vous percevez comme *complexe*[50] alors personne n'a de réponses toutes prêtes : il convient de construire, en s'appuyant sur les intelligences pertinentes de tous ceux qui participent de cette situation, une compréhension, une vision, une stratégie et un engagement collectif assumé. Dès que vous êtes dans une situation de ce type[51], il est pertinent de nous solliciter.

C'est la vocation de « Welcome Complexity », c'est ce que nous proposons.

---

[50] Une situation complexe est une situation où l'espace des problèmes est inconnu : le problème reste à trouver et à poser. Elle n'est pas de la même nature que la situation facile/compliquée.

[51] Voici quelques indices qui, dans l'entreprise privée, peuvent suggérer que l'on fait face à une situation complexe. Soyez attentif aux questions libellées de façon plus ou moins réductrice et 'solutionniste' telles que : dans un environnement perçu comme complexe, incertain, volatile, ambigu, confus, comment améliorer notre façon de travailler et/ou de vivre ensemble ? Comment améliorer la gestion des projets et notamment des grands projets ? Comment prioriser et prendre des décisions éclairées ? Comment identifier des opportunités ? Comment dynamiser les réunions ? Comment prendre du recul sur une situation ? Comment établir une stratégie robuste ? Comment mobiliser et engager l'écosystème de partenaires et de citoyens ? Comment autonomiser l'autre ? Comment transformer la culture du collectif ? Comment identifier les hauts potentiels au sein de son organisation ? Comment s'assurer du soutien d'un tiers de confiance compétent pour concevoir et mener ma stratégie ?

Rompre son isolement et entrer en relation avec « Welcome Complexity »

Dans une situation complexe, vous pouvez très bien vous débrouiller par vous-mêmes mais :

Connaissez-vous et avez-vous développé et mûri l'art et la science d'orchestrer les intelligences qui composent votre collectif en fonction du contexte et en vue d'une finalité ?

Dans une situation complexe, vous pouvez également faire appel à des tiers dont le métier est de proposer des réponses argumentées à vos questions. Mais dans ce cas :

Restez-vous indépendant de la réflexion de ces tiers ? Vous appuyez-vous sur votre collectif qui vit le problème et qui est appelé à s'engager sur le chemin qui sera conçu ? Etes-vous confiant dans le fait que la « solution » conceptuelle va s'incarner au quotidien au sein de votre collectif ?

Etes-vous confiant dans l'enracinement éthique et épistémique de ce tiers ? Etes-vous confiant que ce tiers ne va pas déformer les réponses qui vous sont proposées, de façon consciente ou non, en fonction de ses propres motivations ?

Etes-vous en mesure de chercher des alternatives profondes qui conjoignent à nouveau ce qui était disjoint[52] ? N'êtes-vous pas contraint

---

[52] Il en va ainsi par exemple de la conjonction et de l'hybridation encore à imaginer dans l'immense majorité des organisations entre

par l'existence d'une offre segmentée en fonction de questions et de réponses types inspirées par les manières traditionnelles d'agir et de penser[53] ?

Dans une situation complexe, vous pouvez faire appel à des techniciens experts de la facilitation. Cet appel peut être parfois pertinent, en particulier de façon ponctuelle sur des groupes à taille humaine, mais :

Ne vivez-vous ces situations que de façon ponctuelle ? Dans quelle mesure ces situations ne se généralisent pas à votre quotidien ?

Trouvez-vous facilement les profils qui ont la *capacité personnelle et la connaissance technique* pour faciliter un groupe ? En connaissez-vous suffisamment au regard du nombre de situations perçues comme complexes au sein de votre collectif ?

Trouvez-vous aisément des profils qui ont la capacité à concevoir *sur mesure* une orchestration intelligente du collectif ? Trouvez-vous aisément

---

l'organisation et son écosystème, entre l'humain et les technologies, entre la vision et la stratégie, entre la stratégie et l'organisation, entre l'organisation et les processus, entre les processus et les métiers, entre les métiers et le vécu, entre les dirigeants et les chercheurs. De façon générique, il s'agit d'inaugurer des conjonctions régénérantes entre les logiques de compétition et les logiques de coopération, entre la fin et les moyens, entre le sujet et l'objet

[53] Illustrons ces segmentations par une dichotomie rentrée dans les mœurs: d'un côté les solutions RH, l'accompagnement, les risques psychosociaux, de l'autre les solutions de performance, de lean, de productivité.

des profils qui ont cette capacité pour des organisations *multi-échelles* de grande taille ?

Avez-vous le sentiment que ces techniciens pointus qui vendent leur service sont vigilants à vous transmettre ces capacités ? Avez-vous le sentiment d'être engagé dans un compagnonnage vigilant à vous autonomiser sur ces manières d'agir et de penser ?

« Welcome Complexity » est dédié au développement de la capacité d'adaptation personnelle et collective de l'écosystème. Ce développement nécessite de catalyser *chez chacun* cet apprentissage et de transmettre ces capacités à « Agir et Penser en Complexité ».

Annexe 1 :
Qu'est-ce que la Complexité ?

Présentation succincte du concept de complexité

Le monde phénoménal excède toujours nos facultés humaines. Lors de l'observation et de l'expérimentation des phénomènes (ou systèmes), nous sommes susceptibles de relever leurs contradictions. Celles-ci sont toujours les indices d'un domaine inconnu ou profond.

Le concept de complexité renvoie à toutes ces difficultés de compréhension des phénomènes (ou systèmes) caractérisés par la conjonction de contraires tels que l'ordre et le désordre, le tout et les parties, le déterminé et l'aléatoire. pour lesquels nous ne disposerons jamais de toute l'information. Le manque d'information à propos des phénomènes que nous cherchons à comprendre est la situation la plus courante.

Nous avons toute l'information uniquement lorsque nous opérons une réduction par des manières de penser enracinées dans le paradigme classique, dont le mode de connaissance consiste justement à réduire les phénomènes à ce que nos capacités sont capables de percevoir et de comprendre.

Ce qui est « complexe », c'est ce qui est irréductiblement tissé ensemble, qui ne peut être compris que par conjonction de composants multiples et parfois contraires (selon nos logiques habituelles). C'est ce qui dépasse notre entendement. « Complexe » est le contraire de « réductible ».

Toute réduction d'un tout complexe en parties disjointes détruit l'intelligibilité du complexe. Le choix du mot complexité insiste sur ce tissage du tout et des parties car il signifie à la fois plexus (entrelacement), com-plexus (enchevêtrement, connexion, embrassement, étreinte), per-plexus (embrouillé, ambigu), multi-plexus (multiplicité). Seule l'unité de ce qui est tissé ensemble conserve sa variété et son intelligibilité.

Par définition, la complexité d'un phénomène (ou système) n'est donc pas simplifiable sans perdre l'intelligibilité du phénomène (ou système). Dans un cadre classique, nous opérons une disjonction entre les phénomènes puis nous les réduisons. Un phénomène est complexe justement parce qu'il nous oblige, pour que nous puissions le rendre intelligible, à unir des notions qui sont séparés et mutuellement exclusives dans un cadre classique.

Bibliographie succincte

La littérature sur la complexité est riche. Nous faisons ici un choix très drastique à destination de ceux qui souhaitent s'initier :

Auteur	Année	Titre	Référence
Ashby, W. Ross.	1956	An introduction to cybernetics.	New York,: J. Wiley
Atlan Henri	1979	Entre le cristal et la fumée.	Paris, Seuil.
Benkirane Réda	2006	La complexité, vertiges et promesses	Editions : Pommier
Dumouchel P. et Dupuy J.P.	1983	L'auto-organisation, de la physique au politique.	Paris, Seuil, colloque de Cerisy.
Genelot Dominique	2017	Manager dans (et avec) la complexité : réflexions à l'usage des dirigeants	Broché 5ième édition revue et augmentée 405 p. éditions Eyrolles
Jullien François	2009	Les transformations silencieuses	(Chantiers 1). Paris : Grasset.
Kuhn Thomas Samuel	1964	Structure des révolutions scientifiques	Poche, champs sicences
Le Moigne Jean Louis	2001	Le constructivisme - Tome 1. Les enracinements.	Coll. «Collection Ingenium». Paris: Harmattan, 298 p.
Le Moigne Jean Louis, Morin Edgar	2007	Intelligence de la complexité : épistémologie et pragmatique : colloque de Cerisy.	La Tour d'Aigues: Editions de l'Aube, 457 p. p.
Morin Edgar	1986	La méthode 3. La Connaissance de la connaissance	Seuil/Kindle
Morin Edgar	1990	Science avec conscience	Poche
Morin, Edgar	1990	Introduction à la pensée complexe	ESF éditeur, Paris,

Auteur	Année	Titre	Référence
Morin, Edgar	1977	La méthode I. la nature de la nature.	Paris : Seuil
Ostrom, Elinor	2010	Working together. Collective action, the commons, and multiple methods in practice	Princeton University Press, New Jersey, 2010.
Ostrom, Elinor	2015	Governings the Commons: The Evolution of Institutions for Collective Action	Broché
Piaget Jean	2011	Epistémologie génétique	PUF
Prigogine et Stengers	1979	La nouvelle alliance	Gallimard.
Senge, Peter M.	1990	The fifth discipline : the art and practice of the learning organization	1st. New York: Doubleday/Currency, viii, 424 p.
Simon, Herbert	2004	Les sciences de l'artificiel	Editions Poche Folio Essais
Simon, Herbert	1983	Administration et processus de décision	Paris: Économica.
Simon, Herbert	1989	Models of thought, no II.	New Haven, NJ: Yale University Press.
Varela Francisco, Thomson, E., Rosch, E.,	1991	The embodied mind : cognitive science and human experience (L'inscription corporelle de l'esprit)	Cambridge. (trad. V. Havelange)Paris, Seuil, 1993).

Les courants de recherche en complexité

Les courants de recherche en complexité peuvent se subdiviser de la manière suivante[54] :

- La systémique de 3ième génération - ou pensée de la complexité - est un courant de recherche pour lequel la complexité est inhérente à la nécessaire multiplicité des *points de vue* sur un objet donné. Selon cette vision, un point de vue unique sur un objet ou une situation est en général partiel et mutilant. Dans cette perspective, croiser les regards et les disciplines se révèle indispensable. La systémique de 3ième génération est le moteur des sciences de la conception.
- La systémique de 2ième génération - ou science des systèmes complexes - est un courant de recherche pour lequel la complexité est inhérente aux *caractéristiques* de l'objet étudié. Il se subdivise en deux courants:
  - Le courant qui étudie la complexité des nouveaux types d'objets mathématico-informatiques. Ce courant porte sur la conception à partir de données. Selon cette vision, le champ scientifique de la complexité repose sur une collaboration entre mathématiques et informatique,

---

[54] Adapté du texte du réseau national des systèmes complexes (RNSC) « Mieux identifier le champ scientifique de la complexité » rédigé par le comité de pilotage du RNSC.

produisant des objets d'un type nouveau, à la frontière entre les deux domaines.

o Le courant qui étudie la complexité résultant de l'accroissement du volume et des sources de données. Ce courant porte sur la perception à partir de données. Selon cette vision, les recherches sur les systèmes complexes portent sur le développement de nouvelles techniques permettant de créer du sens à partir de l'abondance de données multi-échelles dans de nombreux domaines.

Types d'organisations concernées par la Complexité

L'agir et penser en complexité touche toutes les organisations humaines:

- Grands comptes, ETI, TPE/PME/PMI, Scoop...
- Organisation Non Gouvernementale (ONG), associations,...
- EPIC, collectivités locales, administrations
- Partis politiques,...
- Indépendants, particuliers.

Bouillonnements émergents

La société est caractérisée par un bouillonnement émergent croissant. Voici une liste alphabétique non exhaustive de certains courants remarquables qui participent de ce bouillonnement :

Organes instanciés
Anvie
Ars Industrialis
ASHOKA (Association pour l'innovation citoyenne)
Association des cadres et dirigeants pour le progrès social et économique (ACADI)
Association française de systémique et de cybernétique (AFSCET)
Association Française pour l'Ingénierie des Système (AFIS)
Association sur évolution de la conscience
Association Teilhard de Chardin
ATD quart monde
ATTAC, association des sociétés coopératives
Barbare the family
Bateson Symposium
Bleu, Blanc, Zèbre
Boson projects
Centre culturel international de Cerisy
Centre de Recherche Interdisciplinaire (CRI)
Centre edgar morin à l'EHESS
Centre français de sociocratie, le Centre mondial de sociocratie (CMS)
Centre Michel Serre
CESAMES: architecture des systèmes
Changer d'ère

Club de Budapest
Colibris
Collectif Roosevelt
Collège des Bernardins
CRG centre de recherche en gestion
CSO - Centre sociologie des organisations
CTEL centre transdisciplinaire d'épistémologie et des arts vivants
CVT Athena
Débat
Devoxx
Dialogues en Humanité
Edition Leopold Meyer
Engage
Entreprise et progrès
Esprit
Essec chaire de la complexité
Faber Novel
Fondation maison des sciences de l'homme
Fondation pour les progrès de l'homme FPH
Fondation Science Citoyenne
Futurible
Idées d'Après
Ingénieur Sans Frontière (IESF)
Institut de recherche et débat sur la gouvernance (IRG).
Institut de Recherche sur l'Innovation (IRI)
Institut de recherche technologique « numérique des systèmes du futur
Institut des Hautes Etudes pour la Science et la Technologie (IHEST)
Institut IFEAS - systémiques appliquées
Institut National des Systèmes Complexes
Institut protestant de théologie Ricoeur association
L'institut de l'entreprise

Le cercle des économistes
Le mouvement des makers
Le mouvement open source
Le Réseau National des Systèmes Complexes (RNSC)
L'École de Paris du management
Les économistes atterrés
Les initiatives citoyennes
MCX-APX intelligence de la complexité
MOM 21
Mouvement Colibris
Mouvement du convivialisme
Nous Citoyens
OuiShare
Philolab
Prospective 2100
Réseau National des Systèmes Complexes (RNSC)
Revue Thérapie Familiale
Society for Organizational Learning (SOL)
Synlab
Terre de Conscience
Theconversation.com
Trust management institute
Vision 2021
World Organisation of Systems and Cybernetics (WOSC OMSC) International Federation for Systems Research (IFSR) Union Européenne de Systémique (UES-EUS)
X-Sciences de l'Homme et de la Société
X-Sursaut

Annexe 2 : La Complexité - Exemples Concrets

Une mosaïque d'éléments de méthode qui sont les branches d'un arbre commun méconnu

Il existe de nombreuses méthodes et modes managériales dont les intentions et les contextes d'application sont distincts mais dont les racines sont communes et le plus souvent méconnues :

Approche	Présentation succincte
L'agile ou Agile Software Development (ASD)	Dans le développement d'applications logicielles, le développement de logiciels agiles (ASD) est une méthodologie de processus créatif qui anticipe sur la flexibilité nécessaire et fait preuve de pragmatique dans la livraison du produit fini. Le développement de logiciels Agile se concentre sur le maintien d'un code simple et documenté, des tests fréquents et la livraison de composants applicatifs dès qu'ils sont prêts. L'objectif de l'ASD est de s'appuyer sur ces petits morceaux approuvés par les clients au fur et à mesure de la progression, par opposition à la livraison d'une grande application à la fin du projet.
Le scrum	La méthode SCRUM définit un cadre de travail permettant la réalisation de projets complexes. Initialement prévu pour le développement de projets type « Software », cette méthode peut être appliquée à tout type de projet, du plus simple au plus innovant, et ce de manière très simple.
Devops	Le devops est un mouvement visant à l'alignement de l'ensemble des équipes du système d'information sur un objectif commun, à commencer par les équipes de dev ou dev engineers chargés de faire évoluer le système d'information et les ops ou ops engineers responsables des infrastructures (exploitants, administrateurs système, réseau, bases de données,...).
Design thinking	Le Design Thinking est une approche de l'innovation et de son management qui se veut une synthèse entre la pensée analytique et la pensée intuitive. Il s'appuie beaucoup sur un processus de co-créativité impliquant des retours de l'utilisateur final.
Ingénierie des systèmes	L'ingénierie des systèmes ou ingénierie système est une approche scientifique interdisciplinaire, dont le but est de formaliser et d'appréhender la conception de systèmes complexes avec succès.

Approche	Présentation succincte
L'architecture d'entreprise	L'architecture d'entreprise repose sur l'analyse transverse des composantes horizontales (au sens domaines de l'entreprise : métiers, support) et verticales (au sens couches d'architecture : processus métiers, services applicatifs, infrastructure) d'une entreprise dans le but de décloisonner les domaines pour faire émerger les processus transverses, de mieux gérer la complexité liée à une organisation et à ses besoins. Le but de l'EA est d'accompagner l'entreprise dans ces changements, d'en maîtriser les impacts, de les faciliter. Elle permet à l'entreprise de construire ses capacités et d'assurer leurs interdépendances.
La science de conception	La science de la conception, traduction de l'anglais Design Science, désigne l'étude du processus de conception et de design.
L'intelligence dite collective	L'intelligence collective désigne les capacités cognitives d'une communauté résultant des interactions multiples entre ses membres (ou agents). La connaissance des membres de la communauté est limitée à une perception partielle de l'environnement, ils n'ont pas conscience de la totalité des éléments qui influencent le groupe.
Le « digital »	Le terme "digital" est également un anglicisme auquel le terme « numérique » doit être substitué. Le mot « numérique » est « en train de devenir un mot passe-partout qui sert à définir un ensemble de pratiques qui caractérisent notre quotidien, dont nous avons peut-être encore du mal à saisir la spécificité, et qui détermine des changements profonds au-delà de l'aspect technique.

Approche	Présentation succincte
La maïeutique	La maïeutique, en philosophie, désigne par analogie l'interrogation sur les connaissances ; Socrate — dont la mère était sage-femme — parlait de « l'art de faire accoucher les esprits ». Il s'agit d'un processus de questionnement concret et faussement naïf, par lequel Socrate écoutait et s'arrangeait pour que l'interlocuteur se rende compte de ses manques de précision et de ses contradictions dans ses raisonnements. Les personnes se rendaient ainsi compte que, alors qu'elles croyaient savoir, elles ne savaient pas. Inversement, il amenait également ses interlocuteurs à se rendre compte qu'ils possédaient des connaissances en les guidant à travers leur réflexion.
La communication non violente (CNV)	La Communication Non Violente (CNV) est la traduction d'une marque déposée. C'est un langage élaboré par Marshall B. Rosenberg. Selon son auteur, ce sont « le langage et les interactions qui renforcent notre aptitude à donner avec bienveillance et à inspirer aux autres le désir d'en faire autant ». L'empathie est au cœur de ce processus de communication initié dans les années 1970, point commun avec l'approche centrée sur la personne du psychologue Carl Rogers dont Marshall Rosenberg fut un des élèves. Le terme « non-violent » est une référence au mouvement de Gandhi[3] et signifie ici le fait de communiquer avec l'autre sans lui nuire
Le co-développement	Le groupe de codéveloppement professionnel est une approche de développement pour des personnes qui croient pouvoir apprendre les unes des autres afin d'améliorer leur pratique. La réflexion effectuée, individuellement et en groupe, est favorisée par un exercice structuré de consultation qui porte sur des problématiques vécues actuellement par les participants...

Approche	Présentation succincte
La médiation	La médiation est une pratique ou une discipline qui vise à définir l'intervention d'un tiers pour faciliter la circulation d'information, éclaircir ou rétablir des relations. Ce tiers neutre, indépendant et impartial, est appelé médiateur. La définition de cette activité varie selon les contextes d'application. Néanmoins, des constantes existent à chaque fois qu'un tiers intervient pour faciliter une relation ou la compréhension d'une situation et des éléments de pédagogie et de qualité relationnelle se retrouvent dans les pratiques de la médiation.
L'appreciative inquiry	L' Appreciative Inquiry est une méthode de conduite du changement qui a vu le jour à la fin des années 1980 aux Etats-Unis au sein de l'Université Case Western Reserve University de Cleveland. Elle a été créée par le Professeur David Cooperrider, Dr en psychologie des organisations, et ses collaborateurs. Le premier postulat de l' Appreciative Inquiry est que chaque entreprise a quelque chose qui fonctionne bien, qui lui donne vie, efficacité et lui assure des succès. L'Appreciative Inquiry commence par la découverte de ce qui est positif et qui fonctionne déjà dans le cadre de la mission et des objectifs que se donne l'entreprise ou l'équipe. C'est ce « noyau de réussite » qui sert de point d'appui énergisant et inspirant pour l'élaboration de nouveaux projets.
Le coaching d'organisation	Un coaching d'organisation est le coaching d'un système humain composé d'équipes (ou d'équipes d'équipes). Comme tout coaching, le coaching d'organisation consiste à accompagner le système bénéficiaire vers des résultats qu'il vise, en rupture avec sa situation actuelle. Il peut s'agir de changements tels que : Restructurations, fusions, acquisitions ; Réorganisations, changements d'ERP ; Réorientation stratégiques, Breakthrough ; Transformations de la culture d'entreprise

Annexe 2 : La Complexité - Exemples Concrets

Approche	Présentation succincte
Le coaching d'équipe	Le coaching d'équipe est une pratique spécifique du coaching. C'est une démarche complexe car elle doit prendre en compte toutes les personnes de l'équipe à titre individuel mais aussi le groupe dans son ensemble.
La facilitation	la facilitation de groupe est un process dont le choix est acceptable pour tous les membres du groupe, suffisamment neutre et qui n'a aucune autorité décisionnelle, diagnostique et intervient pour aider un groupe pour identifier, résoudre les problèmes, prendre des décisions et pour augmenter l'efficacité du groupe.
Living labs	les « living labs » sont des dispositifs d'open innovation dont la vocation est d'expérimenter et de co-créer avec les usagers.
Labs	Ce terme désigne un dispositif permettant de créer à plusieurs un grand nombre d'innovations faciles à expérimenter par les usagers. Le lab favorise la conception de produits, de services, de nouvelles technologies ou encore d'inventions utiles d'un point de vue social. Il engage à étudier les comportements des utilisateurs, des consommateurs et à trouver des solutions pour les faire évoluer. Il en découle naturellement l'apparition de nouveaux marchés à exploiter. Le lab est ouvert, flexible et participatif. Il aide à développer des idées, des pensées, des concepts en fournissant les outils nécessaires à leur mise en pratique. Il est un mode de réflexion fiable et attractif. Ce terme est employé dans des expressions variées et utilisé à différentes fins.

Approche	Présentation succincte
Fab labs	Un fab lab (contraction de l'anglais fabrication laboratory, « laboratoire de fabrication ») est un tiers-lieu de type 'makerspace' cadré par le Massachusetts Institute of Technology (MIT) et la FabFoundation en proposant un inventaire minimal permettant la création des principaux projets fablabs, un ensemble de logiciels et solutions libres et open-sources, les Fab Modules, et une charte de gouvernance, la Fab Charter.
Social Lab	Les laboratoires sociaux se concentrent sur des actions pratiques innovantes pour relever des défis sociaux complexes. Ils ont trois caractéristiques: 1. Les laboratoires sociaux impliquent diverses parties prenantes, y compris les personnes touchées, là où une approche par la planification réunirait un petit groupe d'experts et développerait une solution haut de gamme, commandée et contrôlée. 2. Ils sont expérimentaux, en s'appuyant sur une logique essais-erreurs pour créer et gérer un portefeuille qui guide les décisions d'investissement, au lieu d'une approche de planification qui tend à mettre tous ses œufs dans un même panier. 3. Ils adoptent une approche basée sur les systèmes qui répond aux défis au niveau de la cause de la racine, là où une approche par planification peut traiter les symptômes, et non la cause d'un problème social.

Approche	Présentation succincte
L'école systémique de Palo Alto	L'école de Palo Alto est un courant de pensée et de recherche ayant pris le nom de la ville de Palo Alto en Californie, à partir du début des années 1950. On le cite en psychologie et psycho-sociologie ainsi qu'en sciences de l'information et de la communication en rapport avec les concepts de la cybernétique. Ce courant est notamment à l'origine de la thérapie familiale et de la thérapie brève. L'école a été fondée par Gregory Bateson avec le concours de Donald D. Jackson, John Weakland, Jay Haley, Richard Fisch, William Fry et Paul Watzlawick.
Thérapie familiale systémique	La thérapie familiale systémique est une technique spécifique de psychothérapie, qui a pour but de favoriser les échanges entre les membres d'une famille. Les bases théoriques des thérapies familiales correspondent aux courants nommés première et deuxième cybernétiques , issus des « théories des systèmes ». D'où leur nom de thérapie familiale systémique et de la communication. Elles se sont d'abord développées en Californie dans les années 1950, puis se sont enrichies des observations et réflexions des écoles européennes dans les années 1980.
La PNL	En psychologie, la programmation neuro-linguistique (abrégée « PNL » en français) est « une méthodologie qui permet d'agir sur les comportements au moyen du langage ». Plus précisément, c'est « une pratique et un modèle psychothérapeutique qui trouve son origine dans la formalisation de pratiques communicationnelles et cliniques de certains thérapeutes d'exception », parce que la PNL tente de modéliser les stratégies de réussite d'experts reconnus afin de les transférer à d'autres personnes.

Approche	Présentation succincte
La spirale dynamique	Au cours du développement d'un individu, d'une organisation ou d'une société, des modèles du monde nouveaux apparaissent, se rajoutant aux anciens dans une spirale évolutive sans fin. Ces paradigmes, la 'Spirale Dynamique' les appelle des vMèmes. Même s'ils permettent de gérer un monde de plus en plus complexe, aucun d'entre eux n'est meilleur que les autres. Un niveau d'existence est approprié dès lors qu'il est adapté à nos conditions de vie.
Community management	Animateur de communauté ou CM, l'abrégé de community manager, est un métier qui consiste à animer et à fédérer des communautés sur Internet pour le compte d'une société, d'une marque, d'une célébrité ou d'une institution. Profondément lié au web 2.0 et au développement des réseaux sociaux, le métier est aujourd'hui encore en évolution. Le cœur de la profession réside dans l'interaction et l'échange avec les internautes (animation, modération) ; mais le gestionnaire de communauté peut occuper des activités diverses selon les contextes.

Approche	Présentation succincte
Sociocratie	La sociocratie est un mode de gouvernance qui permet à une organisation, quelle que soit sa taille — d'une famille à un pays —, de fonctionner efficacement sans structure de pouvoir centralisée selon un mode auto-organisé et de prise de décision distribuée. Son fondement moderne est issu des théories systémiques et date de 1970. La sociocratie s'appuie sur la liberté et la co-responsabilisation des acteurs. Dans une logique d'auto-organisation faisant confiance à l'humain, elle va mettre le pouvoir de l'intelligence collective au service du succès d'objectifs communs. Cette approche permet donc d'atteindre ensemble un objectif partagé, dans le respect des personnes, en préservant la diversité des points de vue et des apports de chacun, ceci en prenant appui sur des relations interpersonnelles de qualité. Contrairement à des évolutions plus récentes comme l'holacratie, le modèle sociocratique est ouvert et libre de droit. La sociocratie utilise certaines techniques démocratiques qui fondent son originalité, notamment l'élection sans candidat, et la prise de décision par consentement. La différence entre sociocratie et démocratie est que la démocratie concerne un ensemble de personnes qui peuvent n'avoir aucune relation entre elles, alors que la sociocratie concerne des individus engagés dans des organisations et ayant donc des relations de plus grande proximité.

Approche	Présentation succincte
Holacratie	L'holacratie (holacracy en anglais) est un système d'organisation de la gouvernance, fondé sur la mise en œuvre formalisée de l'intelligence collective. Opérationnellement, elle permet de disséminer les mécanismes de prise de décision au travers d'une organisation fractale d'équipes auto-organisées. Elle se distingue donc nettement des modèles pyramidaux top-down1. L'holacratie a été adoptée par plusieurs organisations (aux États-Unis, en France, en Grande-Bretagne, en Allemagne, en Nouvelle-Zélande). Elle est fréquemment comparée à la sociocratie2, bien que des différences significatives existent entre les deux approches.
Organizational learning	L'apprentissage organisationnel est le processus de création, de conservation et de transfert de connaissances au sein d'une organisation. Une organisation s'améliore au fur et à mesure de son expérience. De cette expérience, elle est capable de tirer des connaissances. Cette connaissance est large, couvrant tout sujet qui pourrait améliorer une organisation. Les exemples peuvent inclure des moyens d'accroître l'efficacité de la production ou de développer des relations bénéfiques avec les investisseurs. La connaissance est créée dans quatre unités différentes: individuel, collectif, organisationnel et interorganisations.
Organizational development,...	L'Organization Development est un effort qui est planifié au niveau de l'organisation et géré par le management pour améliorer l'efficacité et la santé de l'organisation. Elle s'exerce par le biais d'interventions dans les processus de l'organisation en utilisant des connaissances de sciences des comportements ? Les outils de développement des organisations sont l'alignement de la stratégie, de la structure, des processus de gestion, des processus RH ainsi que des mesures de performances et des récompenses.

Illustration par le cas Uber

1 Le cas Uber est un exemple concret de situation-problème que les moyens classiques ne parviennent pas à résoudre

La France a connu une crise qu'elle n'avait pas anticipée dans le secteur des taxis, avec l'arrivée très rapide[55] d'un acteur disruptif : « Uber ».

L'Etat est en retard à deux titres :

- Il se replie derrière les anciennes règles du jeu qui ont fait sens en leur temps mais qui sont devenues obsolètes,
- Il n'a pas su anticiper et proposer une réforme profonde à la faveur de laquelle il se serait positionné en puissance régulatrice de l'écosystème du transport en véhicule particulier, laquelle réforme se serait articulée autour d'une plateforme métier maîtrisée par la puissance française ou européenne.

L'arrivée d'« Uber » aurait pu être anticipée et instruite à la lumière d'une compréhension de la mutation en cours. Au pied du mur, la France peine à trouver une solution satisfaisante : les parties prenantes entrent en conflit et se

---

[55] L'entreprise a été créée en 2009. Le chiffre d'affaire généré en 2015 est de l'ordre de 10 milliards d'euros, produits avec plus de 160 000 chauffeurs. Uber touche environ 20% de ce montant.

bloquent, sans avoir le recul nécessaire pour trouver de nouveaux chemins.

2 Comment aurions-nous pu éviter cette situation ?

L'ancienne manière de faire consiste à constituer un groupe d'experts à qui nous déléguons le fait de trouver la solution. Le fameux rapport Attali, brillant, contenait un ensemble de propositions sur la question des taxis parisiens. Il n'a pas eu de suite pour des raisons politiques : certaines parties n'ont pas participé de la construction de la solution, ce qui rend ce rapport conflictuel.

Avec les nouvelles manières de penser et d'agir, le responsable en charge va investir non un expert mais le collectif des personnes directement concernées pour qu'elles co-construisent un chemin qui leur semble satisfaisant. Ce responsable devra être capable de déléguer et de faire confiance, sans savoir à l'avance quel sera le résultat.

Ce que ces nouvelles approches fournissent, c'est la possibilité de concevoir consciemment et éthiquement le *processus* qui fera émerger du collectif concerné un dénouement du problème posé.

Le travail s'effectuera directement à partir du vécu métier des personnes directement concernées par le problème. Il n'y a pas d'expert externe. Il n'y a pas de conseillers qui effectuent des interviews pour proposer des rapports brillants. Il y a un collectif qui adhère de manière consensuelle à la nécessité d'élaborer conjointement un chemin satisfaisant pour tous, dans le respect de l'autre.

Concevoir le processus signifie travailler à la conception de la manière même dont le collectif instruira le problème. Il ne s'agit pas de trouver une solution externe mais une résolution interne qui émerge d'un processus organique. Il s'agit d'élaborer le processus par lequel le collectif fera émerger un chemin de résolution, processus dont l'expérience est jugé satisfaisante dans un consensus intersubjectif. Ce travail demande en amont une conscience épistémique des processus par lesquels se forme une connaissance au sein d'un collectif. En outre, il réclame en aval une éthique de l'animateur qui facilitera in situ le collectif dans le respect du processus conçu.

3 Quelques aspects du processus de conception

Sans préjuger du résultat du travail de conception, nous observons des motifs communs à toutes les pratiques et les démarches émergentes, que le lieu institutionnel aura à charge de formuler.

Le processus type s'appuie sur des sessions menées avec le collectif des parties prenantes du problème posé. Ces sessions sont des réunions très structurées, facilitées par un tiers bienveillant, extérieur au problème posé, souple et ferme, qui facilite la co-construction. Ce tiers n'est pas au service d'une personne : il est au service de la finalité du collectif. Il exerce un métier nouveau et subtil de « facilitation complexe ». Il est le garant de :

- La rigueur des étapes que le collectif suit pour élucider son problème et formuler une connaissance nouvelle : c'est une *garantie épistémique*.
- La qualité de l'action de délibération critique entre les parties prenantes : c'est une *garantie éthique*.

Le processus permet l'adaptation dynamique de la conception que les parties prenantes ont de l'objet-système qu'elles partagent (par exemple, le système du transport en véhicule particulier). Il s'appuie sur des questionnements simples, concrets et systématiques : « Quel est l'objectif ? » « A quoi ça sert ?", "Pourquoi ce besoin existe aujourd'hui ?", "Cette fonction est-elle pérenne", etc…

Le caractère systématique du questionnement garantit que :

- La démarche instaure un effet cliquet,
- L'avancement est maîtrisé,
- La démarche aboutit,
- Les résultats sont robustes et déjà appropriés.

Dans notre cas exemple, les étapes du processus comprendraient probablement les objectifs suivant :

- Préciser les angles de vue et les dimensions à prendre en compte : usage, chauffeur, taxes, sécurité…,
- Choisir les personnes qui composeraient le collectif de travail en vertu de leur compétence avérée en lien au problème posé et de leur qualité de leadership éthique reconnue par leurs pairs,
- Enraciner le collectif de travail en instaurant une relation humaine et inter-personnelle entre les parties prenantes. Cette étape est souvent la plus délicate. Elle est nécessaire pour que les parties prenantes ne se réduisent pas à des rôles,
- Co-construire pour mieux les partager les règles éthiques de la discussion qui suivra,
- Engager une délibération critique qui expliciterait une intelligence compréhensive partagée de la situation-problème perçue,
- Expliciter depuis ce nouveau lieu des chemins satisfaisants.

Ce questionnement très structuré et tenu par l'animation est rapidement très créateur de valeur pour le collectif. Il engendre :
- Un apaisement des conflits et des tensions entre les parties prenantes,
- Une description partagée de la situation problème,

- L'identification des divergences plus ou moins profondes dans les intentions, les intérêts et conceptions des parties prenantes,
- L'identification des zones d'ombre et d'aveuglement des parties prenantes,
- L'imagination et la conception de chemins nouveaux.

Au fur et à mesure des échanges, chacun se décentre et comprend progressivement la position de l'autre. S'élabore peu à peu une conception partagée et enrichie de tous les points de vue, qui n'est pas tributaire des limites d'un expert.

4   Les bénéfices d'un travail d'élucidation

Un travail d'élucidation du problème posé par l'impact des nouvelles technologies sur les modèles économiques et d'affaires du secteur des taxis aurait été bénéfique à plusieurs titres :

- Il aurait préparé le terrain au lancement d'initiatives par les jeunes pousses françaises : Uber aurait pu être français,
- Il aurait éclairé les impacts sociaux, politiques et juridiques, permettant ainsi de préparer les évolutions nécessaires. Il aurait notamment distingué de longue date entre les plateformes « on demand », où l'intermédiaire accapare la valeur d'échange, et les plateformes collaboratives de « biens communs », où la valeur est redistribuée dans une logique

de « FairlyShare » en fonction des contributions de chacun.

L'ensemble des travaux ferait valoir un nouveau rôle de l'Etat. Dans ce contexte, le rôle de l'Etat emprunterait nombre de caractéristiques aux praxis que nous voyons émerger. Ainsi l'Etat serait appelé simultanément :

- A se mettre en retrait sans intervention directe, en lieu et place de sa logique d'interventionnisme et de régulation par la loi,
- A ne surtout pas laisser faire. Au contraire, l'Etat serait amené plus que jamais à jouer le rôle de garant de la confiance, qui établirait et maintiendrait dynamiquement les règles du jeu entre les acteurs en vertu d'une finalité citoyenne, et non strictement financière.

5   Quelles différences avec un groupe d'expertise ?

La démarche d'élucidation n'est ni un complément des démarches classiques, ni en contradiction avec elles. Le travail d'élucidation n'est pas « une nouvelle démarche pour gérer le social ». Elle est une méta-démarche qui revient aux racines épistémologiques des démarches, c'est-à-dire au processus par lequel s'élabore une connaissance au sein d'un collectif humain.

La différence avec un groupe d'expertise, c'est que le travail d'élucidation par le collectif accompagné d'un facilitateur :

- A une issue non prédictible et non manipulable,
- Garantit une confrontation à la réalité des vécus qui élimine tout chemin déconnecté des contraintes du réel,
- Produit une connaissance finement adaptée au contexte,
- Evite les écueils d'une pensée logique désincarnée,
- Peut aboutir à élaborer un chemin très proche ou très éloigné de ce qu'un groupe d'expertise classique aurait établi,
- Peut s'effectuer entièrement sans appel à une expertise externe, sinon de façon ponctuelle.

Un travail d'élucidation n'est jamais définitif. Il ne s'agit pas d'une solution. Il s'agit d'un dénouement temporaire. Il doit être repris dès que les évolutions de la perception des contraintes, du contexte ou des objectifs sont jugées suffisamment significatives. Il s'agit d'une praxis collective qui permet au collectif de maintenir la cohérence et le sens de son système d'action collective.

Les modalités mêmes de la démarche d'élucidation garantissent que :
- L'atteinte de la finalité n'est jamais dissociée de l'engagement des personnes directement concernées par le problème,
- Les acteurs concernés adhèrent par construction au projet défini,

- Les points de vue nécessaires sont mutuellement compris par les parties prenantes,
- Les acteurs ont une meilleure image non seulement d'eux-mêmes, mais aussi du sens et de l'insertion de leur action dans le collectif,
- Le projet intègre les points de vue nécessaires,
- Les modalités de la démarche garantissent que la qualité du traitement cognitif facilité par le tiers suit un processus d'élucidation conçu en fonction d'une connaissance de la façon dont s'élabore la connaissance,
- Les chemins élaborés épousent finement les spécificités du contexte,
- Le commanditaire du travail d'élucidation est assuré de pouvoir déléguer en confiance l'instruction d'une problématique qui lui incombe et qu'il échoue à dénouer de manière satisfaisante.

Témoignages sur des cas concrets passés

Les porteurs du présent projet ont eu l'occasion de déployer à de multiples reprises ces nouveaux modes de pensée et d'action, à tous les échelons des organisations. Le contexte client n'a souvent permis ce déploiement que sur des aspects partiels ou sans s'en ouvrir au commanditaire, avec une exception notable : ces modes de pensée et d'action ont été déployés de façon globale entre 2009 et 2012 sur un cas concret qui concernait une direction de 150 personnes (40 millions d'euros de budget) au sein d'une organisation de l'ordre de 700 millions d'euros de budget.

Selon le dirigeant de l'organisation accompagnée : « *Les résultats de cette démarche sont excellents. J'ai été moi-même surpris de la qualité de ces résultats. Au départ, je n'y croyais pas vraiment. Outre les 'livrables' directs des groupes de travail en termes de processus cibles, de bonnes pratiques ou de dysfonctionnements résolus sur le fond, j'ai noté une amélioration significative du dialogue transverse interne ainsi qu'un certain apaisement dans la relation des agents au travail. Le niveau global de compréhension de ce qu'est l'organisation, de la compréhension des objectifs globaux, de la motivation de chacun à être partie prenante de ces objectifs et de la place occupée par chacun dans la réalisation de ces objectifs a également et sans conteste possible monté de manière significative...* »

Selon les participants internes à la démarche, les verbatims sur les résultats sont les suivants :

« Le travail était de qualité et important » « *C'est impressionnant, ça semble loin (la situation initiale) et c'est pas si loin que ca, il y a un an c'était une boucherie, maintenant il y a 3 réunions et c'est sobre.* »

« C'est pas que du blabla, y' a du concret derrière »

« C'est l'occasion de prendre du recul »

« C'est très riche de pouvoir avoir un groupe du même métier où on peut partager échanger et avancer ensemble, à un créneau fixe où on vient, structuré »

« Au début on avait plus de problèmes qu'aujourd'hui, on ne savait pas si c'était juste nous ou tout le monde. C'est rassurant de voir qu'on avait tous les même problèmes »

Selon les mêmes participants, les verbatims sur la démarche sont les suivants :

« En 2009 on y allait à reculons, après, c'est devenu ... une drogue ... (rires) »

« C'est important qu'on nous impose de venir à ces réunions, si ce n'est pas le cas, on trouverait autre chose à faire »

« Le travail collectif pour porter ses fruits doit être institutionnalisé en réunion, un individu génial dans son coin ça marche pas. Pour que ça s'institutionnalise ça demande énormément d'efforts, il faut prévoir des moyens sinon ça

marche pas. On l'a déjà vécu dans le passé, des actions micro à droite et à gauche, on nous dit 'vas-y propose', on fait n doc type n machins n retours en arrière et ça finit dans le mur. Il faut du collectif, des moyens reconnus pour pouvoir apporter le changement et en consensus »

« *L'acceptation de nos préconisations par la hiérarchie passe si c'est dans le cycle de la démarche mais si ça vient de nous directement je ne suis pas sûr que ça soit accepté par la hiérarchie. Il faut cette certification* »

« *Il faut trouver le bon rythme, le bon moment pour véhiculer les préconisations qui font l'objet du consensus* »

« *On (les opérationnels) a marché mais vous (la cellule des facilitateurs complexes) nous avez tenu la main* »

Soulignons un point essentiel : les porteurs du projet ont d'abord eu une approche de terrain pragmatique. C'est dans un second temps, en constatant la puissance du procédé, qu'ils ont cherché à conceptualiser ces approches et à faire l'inventaire de l'existant. Ils ont alors mis en évidence :

1. Que ces modes d'action et de pensée s'enracinaient fortement dans un ensemble de courants émergents de recherche,
2. Que de nombreuses pratiques analogues quoique différentes émergeaient.

164 | Annexe 2 : La Complexité - Exemples Concrets

Annexe 3 : Amorces de Pistes pour les Praticiens Réfléchis

Le projet de « Welcome Complexity » est de soutenir l'investigation des situations-problèmes afin de régénérer la manière dont nous les pensons et d'ouvrir les perspectives sur l'action. Une question est légitime : quels sont les sujets à traiter concrètement et prioritairement dans le cadre de ce projet ? L'investigation de cette question est une première étape à mener avec le collectif des praticiens réfléchis. Tentons ici une amorce.

1 Penser le système mondial

C'est la première fois dans l'histoire de l'humanité qu'il y a un système mondial qui nous rend fortement interdépendants. Nous n'avons pas les concepts pour penser le système mondial en tant que tout organisé dont chacun participe. Dès lors, comment concevoir une organisation et une gouvernance adaptées aux enjeux auxquels nous faisons face ? Comment penser la relation de chacun à tous ? Comment rendre chacun responsable de sa participation au système ?

2 Penser la responsabilité, l'autonomie et la souveraineté de l'homme

La relation à l'autorité suprême, qu'elle soit la nature, une divinité ou une loi universelle, est un fil rouge de l'humanité. Comment amener chacun à ne pas se défausser de sa responsabilité personnelle sur une autorité suprême ? Comment prendre en charge sa responsabilité, sa souveraineté, son autonomie malgré l'angoisse existentielle qui est associée à l'incertitude radicale et à la responsabilité complète ? Comment développer cette responsabilité en liberté, sans l'assoir sur la crainte d'une autorité vis-à-vis de laquelle il faudrait se prémunir ?

3 Penser la conjonction entre disciplines scientifiques

Illustrons ce point par un exemple de conjonction difficile dans les sciences : celle qui relie le biologique au psychologique. Il est généralement admis en psychologie du développement que sans être baigné dans la parole et l'attention de son entourage, un enfant dépérit. La relation à l'environnement est essentielle à la compréhension de la couche psychologique. Par ailleurs, il est généralement admis en biologie que la compréhension de la cellule s'appuie essentiellement sur des principes et des mécanismes internes, l'environnement étant un milieu où la cellule vient uniquement puiser ses ressources. Les deux logiques sont apparemment contraires. Or, un être humain est à la fois biologique et psychologique. Voilà un problème épineux.

4 Penser les processus de conception

Les processus de conception souffrent encore aujourd'hui d'un manque de reconnaissance et d'intégration : clivage entre la technique et l'anthropo-socio-éco ; clivage entre architecture, projet et ingénierie des systèmes ; clivage entre sciences des systèmes complexes et sciences de conception....

Il est à portée de main d'élaborer aujourd'hui une connexion profonde et cohérente entre les approches pratiquées actuellement en psychologie, neurobiologie, dans les sciences cognitives, les sciences sociales, les sciences informatiques et les sciences physiques. L'enjeu de cette jonction est un grand bond en avant dans l'ouverture de nos perspectives sur nos modes de production des connaissances, des techniques et des artefacts (véhicules, appareils, robots, …). L'enjeu est la mise en place de racines régénérées et cohérentes pour la pensée humaine rationnelle, physique théorique incluse.

Annexe 4 :
« Welcome Complexity » :
du « pour quoi ? » et « pourquoi ? »
au « quoi ? » et « comment ? »

Nous avons dans le présent manifesto enraciné l'intention et la vocation, le *pour quoi* et le *pourquoi*.

Si cet enracinement convient, il ne dit rien des actions qui viendront donner corps à cette vision. Le lieu où s'enracine « Welcome Complexity » est celui d'un projet qui s'incarne et se réalise sous la forme d'interactions concrètes avec son écosystème[56]. Les questions qui se posent ensuite sont « Oui mais quoi et comment ? ». Ces questions sont d'autant plus légitimes qu'elles sont posées par nos mécènes, soucieux de comprendre à quoi serviront concrètement leurs soutiens à « Welcome Complexity ».

---

[56] Cet écosystème est formé de toutes les formes d'organisation (voir annexe 1 et 2).

Chaque interaction de « Welcome Complexity » avec les personnes de son environnement vise à essaimer des manières régénérées et enracinées d'agir et de penser en complexité, à infuser les racines épistémiques et éthiques de cette praxis, à développer des conditions favorables à leur appropriation par les organisations et par l'exercice de cette praxis, à stimuler l'émergence d'alternatives pour appréhender les problèmes perçus actuellement par le collectif comme sans réponse satisfaisante.

« Welcome Complexity » n'aura plus de raison d'être lorsque tous les collectifs auront développé :

- Une capacité autonome de chacun à exercer la praxis de l'agir et penser en complexité,
- Une capacité autonome du collectif à exercer une gouvernance stratégique et une adaptation continue à son environnement,
- Une exigence épistémique et éthique perçue par chacun comme une condition nécessaire du développement et du maintien de cette capacité collective et non comme une contrainte.

La singularité du projet de « Welcome Complexity »

La singularité forte de ce projet réside dans une construction qui ne cède pas aux façons de faire d'hier, mais propose d'emblée dans sa constitution même l'expérimentation des manières d'agir et de concevoir de demain.

Le lieu institutionnel envisagé est un lieu où des angles de vue complémentaires, qui usuellement ne se confrontent pas et ne dialoguent pas ensemble, se rejoignent et ne sont jamais dissociés : la recherche et la pratique, les anciennes et les nouvelles générations, les façons de faire et de penser 'classiques' et celles émergentes, la co-conception et la co-réalisation, l'objet et le sujet, les 'geeks'[57] et les 'luddites'[58] réfractaires à la technologie.

Dans cette perspective, la singularité du projet est moins dans son intention que dans sa façon de cheminer, entre deux pôles qui sont conjoints et sur lesquels il s'appuie :

- **Le pôle de la transition de paradigme 'épistémologique'** en cours au niveau de la recherche elle-même, qui dessine peu à

---

[57] Personne passionnée par un ou plusieurs domaines précis, plus souvent utilisé pour les domaines liés aux « cultures de l'imaginaire » (certains genres du cinéma, la bande dessinée, les jeux vidéo, les jeux de rôles, etc.), ou encore aux sciences, à la technologie et l'informatique.

[58] Membre d'une des bandes d'ouvriers du textile anglais, menés par Ned Ludd, qui, de 1811 à 1813 et en 1816, s'organisèrent pour détruire les machines, accusées de provoquer le chômage.

peu l'unité du bouillonnement au-delà de sa diversité : c'est à ce niveau de profondeur que s'élaborent les principes communs à toutes les nouvelles manières de penser et donc d'agir en complexité. Le paradigme de la complexité[59], très fécond, renouvelle en profondeur le regard et l'aptitude à ouvrir les perspectives face aux problèmes soulevés par la transition en cours. Il rend possible de concevoir des approches nouvelles qui épousent la problématique singulière de chaque organisation (métier, échelle,…)[60]. Ces modes de production nouveaux sont

---

[59] Le paradigme de la complexité se construit conjointement à la montée en puissance des sciences émergentes, parmi lesquelles : les sciences cognitives, la science de l'ingénierie des systèmes, les sciences de la complexité, la science de conception.

[60] La conception des nouveaux modèles économiques émergents (dit fonctionnels, collaboratifs et circulaires) emprunte profondément, le plus souvent sans le savoir, aux nouvelles manières de concevoir propres au paradigme de la complexité (fonction du système dans son environnement, interactions entre les composants et avec l'environnement, rétroaction de l'environnement). Cette conjonction est profonde : les notions clés qui sont sous-jacentes à la transition socio-économique sont celles de la transition épistémologique du positivisme vers le constructivisme, qui correspond à la transition de la couche matière-énergie vers la couche information-organisation. Nous retrouvons notamment la notion développée par les sciences de la complexité de « couplage structurel d'avantages et inconvénients réciproques » derrière tous les écosystèmes socio-économiques de partenaires issus de l'économie numérique. Nous retrouvons également la sémantique de la transition : passage du quantitatif linéaire au qualitatif circulaire, passage de la filière à l'écosystème, etc.

radicalement plus efficients[61], mais supposent une transition de culture très profonde pour le collectif[62],

- **Le pôle de l'exercice en situation d'une praxis nouvelle** qui se dessine, appelée faute de mieux « facilitation complexe ». Cette praxis émergente examine plutôt qu'elle n'analyse, conjoint avant de séparer, cherche le possible plutôt que le nécessaire, le proscriptif plutôt que le prescriptif, les régularités et les contraintes plutôt que les lois. Cette praxis, adaptée à la construction de chemins nouveaux, tend à restaurer chez chacun une attention vigilante aux limites des expertises, aux aléas, au rôle des émotions et des intuitions dans la pensée.

Ce dipôle fondamental entraîne de nombreuses singularités[63].

---

[61] L'efficience des nouveaux modèles tient au fait qu'ils tirent parti entre autres des logiques multi-échelles, de la créativité et de l'autonomie de l'homme, du couplage structurel entre les systèmes, des dynamiques de synergie et d'antagonisme, de coopération et de compétition, et d'outillages conçus à la main de l'homme, qui démultiplient son action, sans se substituer à lui.

[62] La transition de culture profonde pour le collectif : dans cette perspective, l'enjeu anthropologique bien identifié est de catalyser la transition d'une culture dominée par l'application d'un programme commandé d'en haut et décliné de façon descendante à une culture de l'autonomie (et de l'ingenium) à chaque niveau d'échelle. Le dirigeant y devient gouvernant. L'opérateur y devient acteur responsable.

[63] Les singularités du dipôle praxis/épistémologie sont : prendre en compte les dimensions du faire (geste métier), du contexte (systémique

La nature du projet portera naturellement à le rapprocher de l'esprit global des différentes organisations émergentes (voir page 137) qui font toutes un travail remarquable.

Pourtant, toutes ces institutions présentent un tropisme commun, caractéristique du monde d'hier qui leur a donné naissance. Chacune de ces institutions effectue une, plusieurs, voire toutes les dissociations suivantes :

1. Entre la connaissance et l'expérience vécue : elles fonctionnent le plus souvent à base de petits déjeuners, de groupes de travail, et publient des rapports et des conclusions d'expertise. Il ne s'agit pas d'un cycle entre le vécu - l'expérience concrète in situ des managers - et la prise de recul qui permet de produire une connaissance valide et transmissible,

---

– architecte), et de l'humain ; proposer une démarche inductive ancrée dans la réalité quotidienne: (théorisation/modélisation de ce qui marche – plutôt qu'une approche fondée sur l'application de principes théoriques généraux.) ; exploiter un gisement de savoirs interdisciplinaires inexploités dans le contexte des organisations ; s'appuyer sur les dernières avancées de la science et de la technologie ; briser les silos disciplinaires entre les sciences au service du projet de dénouement des problèmes complexes ; reconnaître la dimension de l'homme (cognitive, psychologique et physiologique) inhérente aux processus de changement des organisations et des systèmes humains ; reconnaître la dimension des émergences dans les collectifs humains, et notamment la méta-conception des systèmes humains (règles et principes d'auto-organisation permettant d'atteindre une finalité donnée) ; reconnaître la dimension de société : anthropologie, socio-psychologie ;

catalyser la co-construction de chemins nouveaux pour les organisations.

2. Entre l'enseignement-recherche et l'entreprise : usuellement, la recherche produit une connaissance et les managers écoutent. Les managers s'expriment et la recherche n'élabore pas une connaissance à partir de ces vécus. Il ne s'agit pas de la co-construction d'une connaissance à partir des situations vécues par le manager,
3. Entre les jeunes pousses innovantes et les entreprises établies : les deux univers culturels sont le plus souvent dissociés. Alors que les entreprises, cœur de l'économie et de l'emploi d'aujourd'hui, constituent le principal enjeu de la mutation, les jeunes pousses qui ont pourtant les dispositions culturelles adaptées en sont largement séparées.

De manière générale, ces lieux tendent à segmenter et à diviser là où il est nécessaire de relier. Les segmentations créent des territoires, la tentation chez chacun de défendre un pré-carré, des logiques de promotion de telle ou telle approche à l'exclusion des autres.

La nature même du couple praxis-pensée de la complexité impose un lieu institutionnel qui ne dissocie pas mais au contraire tisse ces fils ensemble par des circuits courts.

Tableau des Lignes d'Activités de « Welcome Complexity »

Contribution de "Welcome Complexity" à son écosystème (entreprise, administrations, collectivités locales, associations, ONG, particuliers,...)	Lignes d'activités
Observatoire *Construire le pont entre la recherche en complexité, les responsables et les praticiens (chercheurs en sciences de la complexité, chercheurs en complexité, psychologue, anthropologue, cogniticien, neuroscientifique, neurochirurgien, épistémologue, philosophe, artistes, dirigeants, cadres dirigeants, praticiens, conseils, coach, facilitateurs, ...)*	Interviews des personnalités dans le champ de la complexité Sondage/questionnaire/Interviews des responsables et des praticiens qui font face à des situations complexes sur le champ de la complexité Observatoire de la complexité Intelligence de l'environnement Fiches de lecture et bibliographie des sciences de la complexité Intégrateur de recherche
Carrefour de rencontres *tisser les liens féconds pour chacun et pour tous*	Rencontre et carrefour en petits groupes dédiés (déjeuners, ateliers,...) Voyage d'apprentissage Séminaire dédié Conférences Publication généraliste Identification et explicitation des questions et des problèmes clés perçus
Apprentissage et compagnonnage *catalyser l'apprentissage tout au long de la vie des manières régénérées d'agir et de penser en complexité*	Production et ingénierie pédagogique et andragogique MOOC Expérimentation éveil et découverte des instruments Séminaire micro-learning Atelier d'apprentissage inter et intra

Contribution de "Welcome Complexity" à son écosystème (entreprise, administrations, collectivités locales, associations, ONG, particuliers,...)	Lignes d'activités
Animation de réseaux *animer la communauté des apprenants, donner à connaître et à reconnaître apprentis et compagnons de la complexité*	Animation Plateforme d'échange continu Cooptation Diffusion
Contenus *Faciliter l'accès aux savoirs et aux pratiques des processus clés (Processus conjoints de représentation, de modélisation, de raisonnement, de délibération, d'organisation, de gouvernance: élucider les enjeux, examiner une situation, visualiser, décrire à dessein, contextualiser à dessein, raisonner sur ses modèles, simuler et interpréter, délibérer, gouverner, projeter, organiser, transformer)*	Enracinement conceptuel Retour d'expérience vécu Mise à disposition de fiches, kit & vademecum pratiques pour les groupes Book of Knowledge (BOK)

Lignes de produit	Produits
Recherche et instrumentation (amont) *Contribuer à la recherche sur la gouvernance et l'organisation des systèmes d'action collective* *Contribuer à l'élaboration de chemins et de praxis nouvelles* *Contribuer au développement de l'instrumentation pertinente pour la mise en œuvre de ces nouvelles voies*	Chaire/postes Instrumentation Publication
Projets partenariaux de soutien de l'écosystème associatif en synergie *Contribuer et soutenir l'apprentissage de la complexité par le riche écosystème émergent en synergie avec l'intention et la vocation*	Co-développement et soutien
Projets opérationnels (aval) *Exercer en situation l'art et la science de l'agir et penser en complexité car l'apprentissage est motivé par et s'effectue en relation avec des projets et des situations perçues comme des problèmes bien concrets* *Contribuer au développement de conditions favorables à l'émergence d'alternatives aux modèles actuels.*	Etude de cas "réels" Investigation outillée Animation sur mesure en soutien ponctuel Accompagnement sur mesure dans la profondeur Vision et transformation profonde du métier adaptée à la transition de paradigme productif en cours (dite" numérique")

Membres fondateurs de « Welcome Complexity »

Nom & Prénom	Parcours succinct	Welcome Complexity
Monsieur Michel PAILLET	Président de X-Sciences de l'Homme et de la Société, président d'honneur de XMP-Consult (association des conseils des grandes écoles d'ingénieurs), conseil, coach & facilitateur, porte un regard conjoint d'économiste et de psycho-socio-anthropologue.	Président
Monsieur Jean Pierre DANDRIEUX	Expert en transformations des grandes organisations telles qu'elles sont permises par les nouvelles technologies et à l'IT, docteur en informatique et algorithmique (problèmes de résolution de contraintes).	Vice Président
Monsieur Jérome LAZARD	co-fondateur et dirigeant de Idéoscripto, spécialisé dans la conception et l'animation de séminaires de direction générale et d'ateliers pour l'éveil et la prise de conscience du changement.	Secrétaire
Monsieur Jérémie AVEROUS	Fondateur du cabinet Project Value Delivery spécialisé dans la gestion des grands projets complexes (500 millions à 1.5 milliards d'euros), ingénieur du corps des mines.	Trésorier
Monsieur Philippe FLEURANCE	Ancien sportif, ancien chercheur et directeur du laboratoire de psychologie et ergonomie du sport, vice président d'intelligence de la complexité (MCX).	Administrateur

Annexe 4 : Welcome Complexity

Nom & Prénom	Parcours succinct	Welcome Complexity
Monsieur Dominique GENELOT	Ancien dirigeant du cabinet conseil et éditeur INSEP consulting, auteur du livre 5 fois réédités depuis 15 ans « Manager dans (et avec) la complexité »	Administrateur
Madame Pascale RIBON	Déléguée générale de l'Université de Paris-Saclay	Administrateur
Monsieur Laurent DANIEL	Président du Think tank X-Sursaut, économiste senior au sein de l'OCDE en charge de l'industrie	Administrateur
Monsieur Dominique LUZEAUX	Docteur HDR, exerce au sein du Ministère de la Défense des activités d'expertise et d'encadrement des projets et de l'ingénierie des systèmes complexes des armées, ancien président de l'Association Française d'Ingénierie des Systèmes	Administrateur
Monsieur Vincent LAURENT	Coordinateur et animateur de la communication des 'influencers' Le Lab OuiShare x Chronos, exerce le métier de community manager et consultant en Relations presse digitales et Relations publiques	Membre

Nom & Prénom	Parcours succinct	Welcome Complexity
Monsieur Philippe VAN DEN BULKE	Ex international de volley ball, docteur en médecine et en anthropologie, diplômé du Mental Research Institute de Palo Alto (Californie), enseignant, chercheur, auteur, conférencier (membre de l'AFACE), expert APM, il est président fondateur de Succeed Together® qui construit des outils d'aide au management des transformations des entreprises en associant 3 expertises : la pédagogie du questionnement, le regroupement ultra rapide de verbatim bruts exprimés par unité de sens commun, la maîtrise technique de la construction des plateformes collaboratives et interactives.	Membre
Monsieur David CHAVALARIAS	normalien (Cachan, maths-info), agrégé de mathématiques et docteur de l'École Polytechnique en sciences cognitives exerce comme directeur de recherche au CNRS au Centre d'Analyses de Mathématiques Sociales (CAMS) de l'Ecole des Hautes Etudes en Sciences Sociales (EHESS), et directeur de l'Institut des Systèmes complexes de Paris Ile-de-France (http://iscpif.fr). Ses principaux domaines de recherche portent sur les sciences sociales computationnelles, la modélisation des dynamiques culturelles, le web et text-mining et l'épistémologie quantitative.	Membre

Cercles de soutien dans la recherche

Nom & Prénom	Parcours succinct et angles de regard
Jean-Louis LE MOIGNE	Professeur émérite à Aix-Marseille Université, animateur actif du Réseau Intelligence de la Complexité (animé par l'Association européenne du Programme européen Modélisation de la CompleXité et l'APC). Il investigue l'épistémologie de la complexité, la modélisation des systèmes complexes et les sciences d'ingénierie organisationnelle ;
François FLAHAULT	Directeur de recherche émérite CNRS (EHESS), philosophe, anthropologue, effectue une recherche transdisciplinaire en psychologie, biologie et anthropologie générale. Il interroge et investigue la conception occidentale de l'homme et de la société et les conditions d'existence psychique de l'être humain ;
Paul BOURGINE	Président du « Complex Systems Digital Campus » (CS-DC, an UNESCO UniTwin), président d'honneur du RNSC (Réseau National des Systèmes Complexes), ancien directeur du CREA-Ecole Polytechnique (Centre de Recherche en Epistémologie Appliquée). Paul Bourgine a toujours été en avant pointe sur les initiatives inhérentes à l'économie, aux sciences cognitives et à la complexité ;
Emmanuel SANDER	Directeur de l'Ecole Doctorale « Cognition, Langage, Interaction » et directeur adjoint du laboratoire Paragraphe. Il est également membre fondateur du Laboratoire d'Excellence « H2H : Arts et médiations humaines ». Il effectue notamment des recherches sur le rôle des analogies dans la cognition ;

Nom & Prénom	Parcours succinct et angles de regard
René DOURSAT	«Full Professor of Complex Systems », directeur adjoint du centre de recherche et de l'école de mathématique, technologie digitale et sciences de l'information à l'université de Manchester. Il effectue des recherches à l'interface entre l'intelligence artificielle, les systèmes complexes et la biologie. Il est le créateur d'une branche nouvelle de recherche sur le « méta design » qui explore la morphogenèse de systèmes artificiels inspirés du vivant ;
Henri CESBRON-LAVAU	Responsable de séminaires à l'Hôpital Sainte-Anne à Paris, Psychanalyste en hôpital (CHS), psychanalyste A.M.A. de l'Association Lacanienne Internationale, membre de la commission d'inscription au registre national des psychothérapeutes et de la commission d'agrément des établissements de formation en psychopathologie clinique auprès de l'ARS Ile de France, responsable du séminaire de psychanalyse de l'école polytechnique et d'un séminaire sur les réalités psychiques et illusions objectives, co-fondateur des matinées lacaniennes ;
Mehdi KHAMASSI	Chercheur CNRS en robotique et neurosciences (UPMC), HDR en biologie, directeur des études et membre du conseil pédagogique du master de sciences cognitives (Cogmaster), co-animateur du cours "Démarche scientifique et esprit critique" en licence à l'UPMC. Il effectue des recherches sur la relation entre esprit, cognition, systèmes intelligents et robots ;
Frédéric DECREMPS	Professeur de Physique à (UPMC), responsable de la double-formation Sciences et Design (UPMC, en partenariat avec l'ENSCI-Les ateliers), Il co-anime le cours "Démarche scientifique et esprit critique" ;

Nom & Prénom	Parcours succinct et angles de regard
Arnaud BANOS	Directeur de l'ISCPIF (2011-2013), responsable Scientifique ANR MIRO2 (Villes Durables) (2009-2013), il est directeur de recherche CNRS HDR de géographie-cités depuis 2013. Cette unité rassemble trois équipes (PARIS, EHGO, CRIA) autour de recherches combinant réflexions théorique, historique et épistémologique, méthodes quantitatives et qualitatives, travaux empiriques et démarche comparative, et dont les objets d'étude privilégiés sont les villes, les réseaux, les systèmes territoriaux et les savoirs géographiques.

Remerciements

L'auteur de ce manifesto est Michel Paillet, président de « Welcome Complexity ». A ce titre, il assume son contenu. Cet 'individu' n'aurait jamais pu écrire ce manifesto sans la chaîne humaine (ou plutôt le rhizome) des auteurs qui l'ont précédé et nourri. Mentionnons au titre des principales influences, directes ou indirectes : les courants de la pensée critique en philosophie (Herbert Marcuse, Jurgen Habermas), les courants de la pensée en complexité, de la systémique, du constructivisme, du pragmatisme et des sciences cognitives (Jean Piaget, Herbert Simon, Francisco Varela, Edgar Morin, Jean-Louis Le Moigne, John Dewey), les courants de la pensée de l'intériorité de l'être humain et du sentiment d'exister (Martin Buber, Carl Gustav Jung, Irvin Yalom, François Flahault), les courants de la pensée anthropologique du récit (Vladimir Propp, Joseph Campbell).

La rédaction proprement dite a été également soutenue activement par un ensemble de citoyens, responsables et penseurs. Mentionnons au premier rang des soutiens de la rédaction de la

Remerciements

3ième partie Jean-Louis Le Moigne et François Flahault, relecteurs bienveillants et vigilants tout au long de son élaboration, et pour la seconde partie, François Cristofari, Laurent Daniel et un haut-fonctionnaire qui estime être tenu par sa fonction à l'anonymat. La rédaction a également bénéficié des contributions croisées de Philippe Fleurance, Dominique Genelot, Paul Bourgine, Emmanuel Sander, Henri Cesbron-Lavau, Mehdi Khamassi, René Doursat, Arnaud Banos, Frédéric Decremps, Laurent Daniel, Jérémie Averous, Jean-Pierre Dandrieux, Jérôme Lazard, Brice de Gromard, Emilie Coubat, Léa Abourousse.

Index

A

Art, 94

C

Citoyens, 6, 14, 117
  Réseau, 49
Co-construction, 15, 19
Complexité
  Action en complexité, 23, 31, 79, 122
Complexité
  Action en complexité, 17
  Défi, 14
  Paradigme émergent, 19
Complexité
  Méthodes, 23
Complexité
  Accroissement, 35
Complexité
  Questionnement du décideur, 36
Complexité
  Paradigme émergent, 42
Complexité
  Paradigme émergent, 52
Complexité
  Paradigme émergent, 60
Complexité
  Méthodes, 62
Complexité
  Angoisse, 67
Complexité
  Concept, 134
Complexité
  Méthodes, 145
Complexité
  Méthodes, 169

G

Glissements sémantiques, 39

H

Humanances, 119
Humanisme, 117

M

Modélisation des systèmes complexes, 41
Morin, Edgar, 11

O

Optimisation, 40
Organisation
  Adaptabilité, 77

P

Paradigme
  Classique (positiviste), 53, 105, 111
  Complexité, 53, 69, 110
Paradigme de transformation permanente, 14
Philosophie, 95
Pratique de la Méta-Méthode, 90
Pratique de la Raison Ouverte, 70, 73, 86
Praxis émergente en complexité, 84

Problème du « bien vivre ensemble », 58

R

Recherche scientifique sur la complexité, 10, 39, 139
Reliances, 28, 39
Révolution numérique, 33

S

Systèmes, 34

U

Uber, 156

W

Welcome Complexity, 2, 43, 124, 175
  Association, 9
  Culture, 21
  Logo, 10
  Membres fondateurs, 11, 183